河南省民办高校品牌专业（安阳学院环境设计专业）建设经费资助

豫西古老的民居形态

——巩义窑洞

邢　博　张琳玉　著

中国海洋大学出版社

·青岛·

图书在版编目（CIP）数据

豫西古老的民居形态：巩义窑洞 / 邢博，张琳玉著. — 青岛：中国海洋大学出版社，2019.7

ISBN 978-7-5670-2321-5

Ⅰ. ①豫… Ⅱ. ①邢… ②张… Ⅲ. ①窑洞—民居—建筑艺术—研究—巩义 Ⅳ. ①TU241.5-64

中国版本图书馆 CIP 数据核字（2019）第 161185 号

出版发行 中国海洋大学出版社
社　　址 青岛市香港东路 23 号　　邮政编码 266071
出 版 人 杨立敏
网　　址 http://pub.ouc.edu.cn
电子邮箱 1079285664@qq.com
订购电话 0532-82032573（传真）
责任编辑 由元春　　电　　话 0532-85902495
印　　制 北京虎彩文化传播有限公司
版　　次 2020 年 6 月第 1 版
印　　次 2020 年 6 月第 1 次印刷
成品尺寸 210 mm×270 mm
印　　张 7
字　　数 168 千
印　　数 1～1000
定　　价 58.00 元

前言

窑洞是人类住宅的建筑活化石，作为黄土高原最具代表性的民居，确实蕴含着北方民族穴居的历史遗风，体现了中华民族与自然和谐相处的哲学精神，蕴含着天地自然亲切融合的环境意识，包含了顺应自然的生存意识以及天圆地方的审美造型特征，是一种人性化的人居场所。其建筑形式蕴含了丰富的生态节能理念，近年来受到了人们的高度关注。窑洞是我国生态节能建筑的典范，冬暖夏凉和节材节地是它节能性的充分体现，其所透析的生土文化足以让人类享受永恒。总结和提炼这些生态建筑美学元素、经验，并结合现代技术将其转化和重构以适应返本开新，是它的轴心地位的需要。

窑洞是黄土高原地区人民利用黄土壁立不倒的特性而挖掘的拱形穴居式住宅，成为黄土高原厚重而具有标志性的风景。早在120万年前，黄土开始堆积，这块土地在年复一年的变化中不断被岁月风蚀、切割，最终形成了这般沟壑纵横、苍茫壮观的景象。据史料记载，窑洞建筑是人类最早的地下居住形式，始发于周代。考古工作者发现，经挖掘而展露出的原始窑洞，不是在自然垂直的山崖上挖掘，而是在黄土地的陡坡上人工削出崖面，然后掏挖而成。其最大的优点是冬暖夏凉，四季如春。它依着厚厚的黄土，风吹不进，日晒不透，雨淋不湿，雪冻不着，时刻都保持着一种恒温，非常适宜人类居住。可以肯定的是，今天的窑洞选址方式仍在延续着背山临沟、避风向阳、接近水源的传统窑居选址习俗，这与4500年前原始的宁南窑是一脉相承的。窑洞这种独特的建筑形式，引起了当代建筑学界的极大兴趣和关注，被国际建筑学家们认定为中国五大传统民居建筑之一。

由于编者水平有限，书中不足之处在所难免，恳请广大读者给予批评指正。

编者

2019年6月

目录

第一章 巩义窑洞概况

从中国建筑的发展历史来看，原始民居大致可以分为两种类型，即巢居（图 1-1）和穴居（图 1-2）。南方气候湿润、林密多雨，为巢居提供了天然的便利条件；而北方干旱少雨，自然多以穴居为主。正如文献《孟子·滕文公》记载的“下者为巢，上者为营窟”，描述的便是南北两种不同的原始古民居类型。

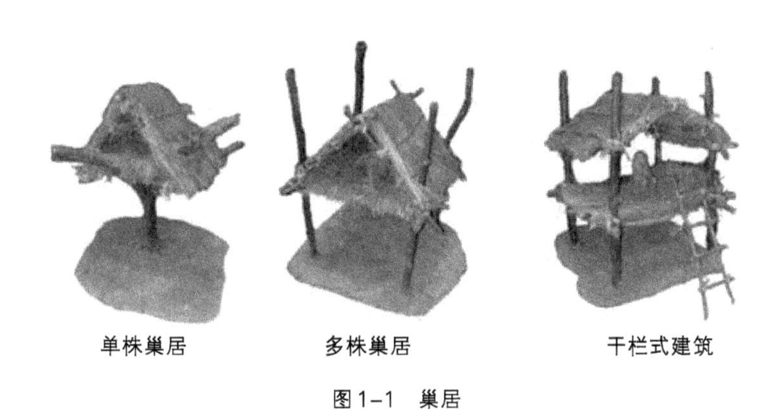

图 1-1 巢居

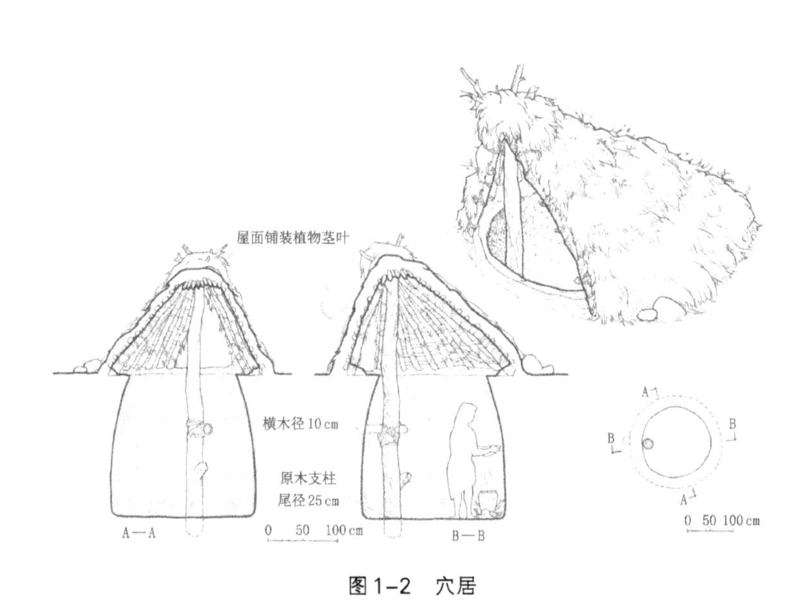

图 1-2 穴居

1. 巢居

上古之世，人民少而禽兽众，人民不胜禽兽虫蛇。有圣人作，构木为巢，以避群害，而民悦之。

——《韩非子·五蠹》

图1-3　原始巢居（仿制）

猿人在相当长一段时间内，基本和现在的大猩猩、长臂猿等类人猿一样，生活在茂密的森林中，而且猿人为了躲避野兽的侵害，多住在树上，并且是几十个人集体生活的群居方式。其后，经过不断的探索发现，猿人拥有了粗糙的生产工具。生产工具使猿人的生活逐渐向好的方向改变。同时，居住条件也渐渐得到改善。一部分猿人选择在山洞中居住，而仍在树上居住的猿人也对所住“居室”进行了修补，有了“建造”意识。

无论是居住在树上还是居住在山洞内的猿人，都在不断发展，生产工具也逐渐细致、丰富。人们的生活质量改善了，人群数量也有所增加、繁衍，人类开始有了氏族的萌芽，而生活在树林与山洞中的两种居住方式渐渐发展演化为巢居和穴居两种形式。其后，直到新石器时代，原始社会建筑的发展，基本是在这两种形式的基础上逐步完善的形式。

巢居，在原始社会初期，单指建于树上的居住形式。后来这一概念也包括搭建于地面上的、从树上建筑延续而产生的建筑。所以，一般来说，所谓的巢居也就是指底层架空的居住形式。巢居最先选择在自然生长的单株树木上搭设，到了新石器时代已经可以根据生活需要，于地面任意搭设了。当然，为了更适合生存，一般选择在有水源、可渔猎、方便采集的地点。人们还根据所选地点的实际情况，分别采用打桩、栽柱两种方法进行地面搭设，并且在建筑的细致性上也有了很大程度的提高。

巢居在适应南方气候环境特点上有显而易见的优势：远离湿地，远离虫蛇野兽侵袭，有利于通风散热，便于就地取材、就地建造等。因此，我们看到巢居建筑大多在南方地区。后来发展为干栏式建筑，以至现在湘西地区的吊脚楼。

距今六七千年的浙江余姚河姆渡村发现的建筑遗址，就是典型的干栏式建筑，并且是我国已知的最早采用榫卯技术构筑木结构房屋的一个实例。

2. 穴居

上古穴居而野处，后世圣人易之以宫室，上栋下宇，以待风雨，盖取诸大壮。

——《易经·系辞下》

图 1–4　原始穴居（仿制）

穴居是由自然山洞发展而来的。当选择居住山洞的人类逐渐发展壮大后，一个山洞不再适合居住，便要寻找新的山洞，但自然界的山洞是有限的，人们在无法找到新的山洞时，从山洞的形式中受到启发，开始人工挖掘洞穴。

随着工具的发展和人类思想意识的成熟，穴居建筑形式由横穴、袋型竖穴、半穴居、原始地面建筑、分室建筑等形式逐渐演变。最早的横穴只是对自然山洞的简单模仿，是对原有土材料的削减，是一种除了内部空间和穴口之外没有更多外观体形的建筑形式。在漫长的旧石器时代，原始人类基本是居住在山洞与横穴内。而其后的竖穴、半穴居乃至地面建筑形式，则是新石器时代住宅形式的发展。

特别是半穴居和地面建筑，是以覆盖上面的建筑顶部构造为营造重点的居住空间。除了要利用较先进的生产工具及较高水平的搭建技术外，在材料的使用上更是一个飞跃。内蒙古鄂尔多斯市朱开沟遗址，位于内蒙古自治区鄂尔多斯市伊金霍洛旗的朱开沟，发掘遗迹中既有夏代早期住所，也有中、晚期住所。早期住宅的建筑形式主要是半地穴和地面建筑，房屋的平面，尤其是面积较大的房屋的平面，以圆形或近圆形为主，另有少部分四角为圆角的方形和矩形平面房屋。早期较大的圆形房屋，直径一般在5米左右。中期民居以方形或长方形平面的浅穴为主，部分为圆角方形。晚期民居则以长方形平面的浅穴数量为最多，另有部分圆形及圆角方形平面。

山西夏县东下冯村二里头文化居住遗址，位于山西夏县东下冯村东北。据推断，其营建与存在时间应在夏代中、晚期及商初。遗址面积达25万平方米，房屋形式有半地穴、窑洞和地面建筑三类，以窑洞形式为最多。窑洞都是依靠黄土崖或沟壁开凿而成，面积较小，一般为5平方米左右。平面有方形、圆形、椭圆形三种。窑洞内室顶多收为穹窿形，内壁上多置有小龛，室角设有火塘，有的还在上方引烟道通向室外。除居室外，还挖掘有窖穴、灰坑、水井等。整个聚落外围有二重壕沟圈护，壕沟的横断面呈上大下小的倒梯形，深度约为3米。两壕沟间隔约10米，是聚落重要的防御设施。

据历史记载和考古发现，在距今200万～300万年，原始人类出现，中国境内有据可依的最早人类“云南元谋人”距今也有100万年。而距今50万年前北京周口店猿人所居住的天然山洞，是中国境内已知最早的人类住所，即“北京人居住的天然山洞”，可见天然洞穴是当时最普遍的一种居住方式。

所以，人们在因袭原始祖先的穴居方式上，在黄土层较为丰富的地区合理利用黄土层的天然特性，在黄土高原的山脚下、山腰、冲沟两侧及黄土高原上建立了靠崖式、下沉式及半下沉式等类型的窑洞。随着人口的不断增长、营建经验的不断积累和建筑技术的提高，窑洞逐步向四周扩展，甚至发展为窑洞村镇。

豫西地区位于西南部山地与北部黄河之间，从最东部的巩义市向西延绵至三门峡灵宝市，由东向西长达近400千米，是河南省黄土地貌发育最好的一段。黄土地上生活着的先民们在数千年的生活实践中，发现深厚的黄土层几乎是没有纹理地堆积着，具有良好的渗水性、透气性、抗压性，便于挖洞而又不易倒塌，为窑洞建筑提供了天然的有利条件。

在豫西这段特殊的黄土高原地形中，巩义市距离河南省省会城市郑州最近，具有独特的丘陵地形，受深厚的河洛文化影响，使这片沃土充满了神秘的色彩。窑洞民居随处可见，形式多样、布局精心，无不体现出人们勤劳善良的品质以及强烈的家庭凝聚力。因此巩义窑洞也像陕北的窑洞一样，在中国民居建筑中占有一席之地。

原始社会虽然生产力低下，建筑更无法与其后的任何一个社会形态时的建筑相比，但它却是其后各社会形态建筑的基础与发轫。

第一节　巩义的自然地理概况

拉普普特在《住屋形式与文化》一书中曾经把建筑分为“壮丽设计传统”（纪念性建筑）和“民俗传统”（乡土民居）两大类型。文中说道，两种建筑类型中“前者的目的在于向老百姓炫耀权威，或向同行展示设计者本人的聪颖和艺术鉴赏力；而后者则或有意或无意地将文化的需求和价值以及人们的欲望、梦想转化为现实的实际形式”。我们所要介绍的窑洞就是典型的“民俗传统”类型。

“民俗传统”类型的建筑，最大的特点就是受到当地的地域影响特别大。影响地域建筑发展的内在因素有很多方面，如：自然气候及地理资源等因素构成的环境因素；由地域范围内的社会组织形态、经济组成、宗教信仰、生活习惯和普遍的审美的因素所构成的社会文化因素；以及由当时当地的建筑结构形式、建筑修建技术及工艺技术等因素构成的经济技术因素；等等。在这些因素中，环境因素对民居的形态和特点有着最直接的作用。巩义市辖区范围内之所以有这么广泛的窑洞分布，和它独特的环境因素即地形地貌等是分不开的。

一、环境因素

众所周知，窑洞是黄土高原的独特建筑，在其他地方很少能看到。在中国，黄土高原分布的甘肃、青海、宁夏、陕西、山西、河南六个省份，均有窑洞这种民居存在。黄土高原东起太行山，西至乌鞘岭、秦岭，北抵古长城，十分广阔，其面积约为63万平方千米，为世界上最大的黄土堆积区。这里的黄土质地均匀，连续延展分布，构成完整统一的地表覆盖层，垂直结构良好，大部分厚度在50～300米之间。河南豫西地区黄土厚度相对较薄，一般为50～100米。

巩义市隶属于郑州市，东邻荥阳、郑州，西接偃师、洛阳，南边依靠嵩山山脉，北边临靠黄河水系。地理坐标为北纬34°31′～34°52′，东经112°49′～113°17′。东西方向长为43千米，南北方向宽为39.5千米，总面积为1041平方千米，位于黄土高原的东部，在黄土层分布的靠近边缘的位置，因此黄土厚度相对稍薄一些，在30～50米之间，土壤颗粒较细，矿物成分含量较低，主要是由马兰黄土、午成黄土及较多的离石黄土构成。马兰黄土是新生成的黄土，土质较松软，多分布于离石黄土上部，许多下沉式窑洞分布于此层。午城黄土土质密集，成熟早，一般位于黄土层中下部，开挖困难，较少分布窑洞。离石黄土则分为上部的礓石层及下部的黄土层，力学性能好，也较利于挖掘，是选择挖掘窑洞的理想位置。

巩义窑洞建筑的土层的具体分布如图1-5所示，最上部为肥土层，然后依次向下为白土层、红土层、料疆土层以及黄土层。料疆土具有良好的受力性能，能够保证窑洞建筑的安全性，而窑洞上方厚厚的黄土层则形成了窑洞建筑冬暖夏凉的舒适的物理特性。

其次，这个地区属于多山地区，只有极少的石质山地，其余地表均覆盖质地均一、胶结性和直立性较好的黄土层，且气候干燥、土质疏松。这样的土层结构最大的特点就是便于挖掘，在建造窑洞的

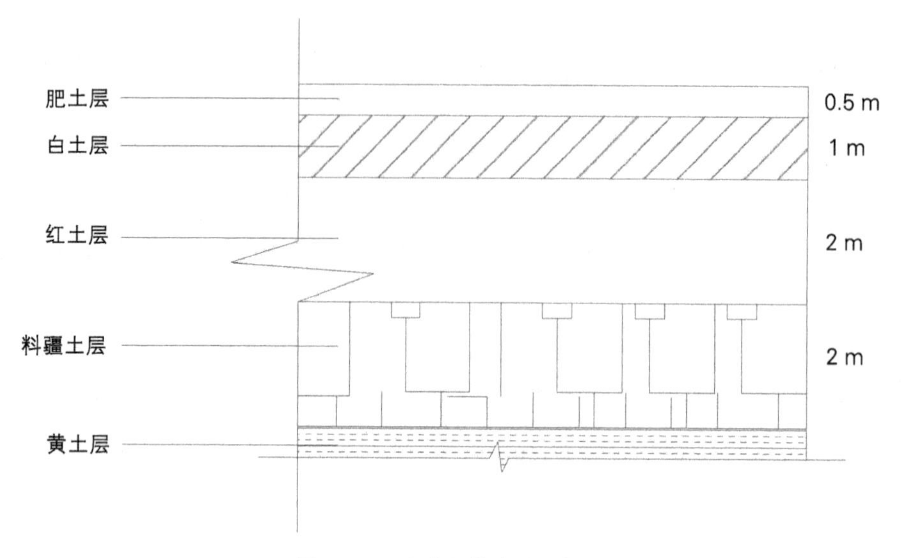

图1-5 巩义窑洞的土层分布

时候不会耗费人们太多的体力。同时，黄土是以石英构成的粉状砂粒为主要成分，另含有一定含量的石灰质（CaO）等多种物质，地质构造质地均匀。而且黄土的颗粒细小，黏度高，抗压强度和抗剪强度也好，具有良好的整体性、稳定性和适度的可塑性。因此在早期人们建造窑洞时，挖掘之后不在墙面上做任何处理就可直接入住。细腻的土层再加上较高的黏度，不会给人们的日常生活造成什么困扰。就连现在很多窑洞也仅是为了视觉效果，在人们视线较多看到的地方，用泥草混浆，在表面披一层像墙裙一样的装饰物。

再次是气候因素。巩义属于暖温带大陆性季风气候，在我国1月平均气温0℃等温线北侧。全年平均气温为14.6℃，全年平均降雨量在583毫米左右。其四季气候特点是：春季少雨，夏季湿热，秋季多雨，冬季寒冷干燥。巩义地形丰富，气候随境内不同地区的地形而变化，南部山区雨水丰富，气温较低；北部靠近河滩，干燥且气温较高；中部及西北部丘陵到邙山山脉过渡区的温度及雨水量适中。年平均风速为3.2米/秒，年最大风速可达20米/秒，年盛行风频率为东风13%、西南风17%、静风15%。由此可见，巩义地区的雨水不算丰富，而且相对较为集中，因此如果建造窑洞，不会受到雨水频繁的冲刷，较少有泥石流等自然灾害的侵袭。

二、社会文化因素

巩义有着悠久深厚的历史积淀，由于在地理位置上南依中岳嵩山，北濒黄河天堑，东临虎牢关，西据黑石关，南有轩辕关，因此为历代兵家必争之地。古代著名的“虎牢之战”“兴洛仓之战”，近代军阀“胡、憨之战”均发生于此。在现代战争中，仍起着东护省会郑州，西卫重镇洛阳的作用。秦时置县，因“山河四塞，巩固不拔”得名巩县。巩义自秦朝置县始绵延炳焕两千多年，尽管作为历代王朝的一个细胞微不足道，但由于区域位置的优越和自然环境的特殊，一些惊天动地的大事注定要在

这里发生，一批批叱咤风云、扭转乾坤的人物从这里走出。历史上有数百部经典记载着巩义几千年来的沧桑变化。巩义大地上先民留下来的遗物、遗址，见证着几千年来的风雨坎坷。百姓中世代相传、活灵活现的风物传说，铭载着几千年巩义历史的厚重和辉煌（图1-6）。

图1-6 北窑湾村附近的河流

巩义是河洛文化之源，河洛文化是中原文化乃至中华文化的发祥地。首先，巩义是“儒家文化”“易学文化”等传统文化的起源，深受传统思想的影响。其次，巩义具有其所独有的历史文化特色——“耕读文化”和“豫商文化”。早期以农耕为主的生活造就了以诚实勤恳为主要思想的农耕文化；唐宋之后倚靠黄河和伊洛河水系资源而兴隆起来的豫商文化，讲求“不尽之财以还百姓”，亦农亦商，争取社会利益的最大化，依靠运河发展起来的巩义豫商文化，大大地促进了各个地区的文化交流。

（一）“礼制”观念

古代中国提倡以“礼”治国，儒家理论规范就是讲求“礼”的秩序。“礼”的典型特征即是它有着明确而严格的上下等级、尊卑贵贱等的规定。荀子曾在《荀子·富国》中提出“礼者，贵贱有等，长幼有差”的观念。巩义作为河洛文化的发源地，深受儒家礼制思想的影响，讲究长幼有序，例行严格的等级秩序。

“礼”的观念渗透到传统文化的各个方面，贯穿到社会生活的各领域中，自然而然地深深影响了巩义的建筑。以巩义典型的四合院民居院落为例，在殷商时期就已初见规模，这样的院落形式深受儒家礼制思想的影响，有尊卑、长幼的区分，同时也反映出社会关系中的荣辱、贵贱。巩义的四合院院落往往坐北朝南，正房设为堂屋，两侧耳房居住家中长辈，两侧厢房居住晚辈。房屋的建造高度也存在差别，讲究尊卑之序。图1-7至图1-10所示是巩义一所普通的窑洞民居，依山挖掘三孔窑洞，中间的是长辈居住的地方，一侧为孩子居住，一侧为厨房。这种布局形式和分配方式在巩义窑洞民居中是很常见的。

我国是世界上经历封建社会时间最长的国家，封建社会对于我国传统文化的影响是根深蒂固的。大家族的性质由远古的宗族组织演变为门阀形式，为了巩固封建制的政权，秦汉统治者在打击残留的远古宗族组织方面的努力远远超出了他们在扶持家族统一生活方式方面，其中影响较大的是孔孟学说和老子的哲学思想。“礼”的思想制度在封建社会中很是被推崇，是制定政治制度和道德规范的准则。“三纲五常”“忠孝仁义”的社会价值观作为封建礼教的中心思想，具有明显的等级观念。正是这些影响了中国古代贵贱等级、长幼有序的特色居住方式，而聚居的生活方式因礼制的影响越来越受到尊崇而逐渐多起来。在唐代，四合院有了更大的发展，常常是三进、四进，可以使居住人数有极大的伸缩性，以家庭为单位的大家族居住在一个四合院中，这样最能体现家族中的长幼秩序，因此这样的居住形式受到欢迎。现保存有多种四合院的实例。

图1-7 河洛北街53号张氏民宅

图 1-8 河洛北街 53 号张氏民宅——门神画

图 1-9 河洛北街 53 号 张氏民宅——窑内

图 1-10　河洛北街53号张氏民宅——砖雕

中原文化以儒家文化为核心，儒家的学说以“礼”为中心，“礼”是宗法和等级相结合的产物。礼是中国文化中人伦秩序的集中体现，它注重群体的秩序化，抑制个性的发展。宗族制度以血缘关系确定人与人之间的关系，在早期的人类社会中很大程度上影响了聚落的布局方式。聚落的每个层次，都存在着内外空间的界定及内部的结构转换。在聚落内外空间转换上，聚落的边界作为社区内外空

间分离与转换的节点，承载着丰富的仪式行为，是意识空间之所在，注重与家族利益相关的一切文化现象。传统建筑中四合院的建筑布局与空间就是对“礼”制的空间形象表述。决定房间大小的主要依据并非使用的需要，而是使用者的身份、地位或者该空间在群体中的地位，反映出在建筑布局形式的决定中礼制观念高于实际生活的特点，体现出尊卑有序的布局，符合礼制约束下的院落制度。以家长为核心，其他人按照与家长的远近亲疏来构成的关系网络赋予活动空间相应的内外有别的性质，是与宗法制度中的封建家长制的尊卑关系相契合的使用方式。拉普普特在《住屋形式与文化》一书中也指出：“遮风避雨并非建筑唯一的功能，甚至不是最根本的功能，建筑的起源最好持更宽广的眼界，将社会文化的因素考虑进去，从更广义的意义讲，它甚至比气候、技术和材料等更为关键……”这样的文化观点虽然有些极端，但地域文化对建筑的制约作用是不可忽视的，并且正是地域文化的不同使得民居建筑的地域特点更加明显了。除自然因素外，社会文化因素对于传统民居建筑和村镇聚落形态的影响同样十分显著。该书中还提到了：“在任何一种情形下，文化因素都具有首要的决定作用。可以这样说，宅形是在现存可能性中选择的结果，可能性越多，则选择的余地就越大；其间不存在任何必然性，因为人们总是可以生活在各种各样的构筑中。”所以，分析中国传统文化因素，是为更全面地理解中国传统民居建筑的形成和演变过程，创造具有现今时代性的新民居提供重要的借鉴价值和理论依据。

（二）“天人合一”思想

“天人合一”是中国传统哲学思想的主要特点之一，同时也是儒家、道家及易学理论的重要特征。“天人合一”思想认为人与自然的关系应当“浑然一体”，认为不仅要满足社会内部的协调统一，而且要追求社会与自然的相互和谐。在建筑的表现中，“天人合一”重在追求人、建筑与自然环境三者的相互融合。首先，建筑应顺应地形布局，与自然相互和谐共生。唐代诗句“南朝四百八十寺，多少楼台烟雨中”描述的正是建筑自然发展、顺应地形的意境，好似建筑原本就生长于自然之中。其次，巧妙地运用自然的形式，将自然中的一些景色元素直接运用到建筑中去。最后，将自然的景致吸收到建筑中。最常采用的手法是借景，正如《园冶》中所描述的，通过借景的方式可以“纳千顷之汪洋，收四时之浪漫”。“天人合一”的思想在巩义的传统居住窑洞建筑中得到了充分体现，窑洞建筑从自然中来，到自然中去，能够很好地融入自然，是绿色生态建筑的典范。

（三）易学文化及其风水学说的影响

《易经》是儒家重要经典作品之一，它由儒、道两派学说演变发展而产生，包含了自然、社会和逻辑思维等多方面的哲学理论。

易学对巩义建筑的影响多体现在风水学说中，主要源自巩义世世代代的人民在长期社会实践中对生活经验的总结。其强调阴阳及五行的互补与平衡是《易经》的重要思想，认为宇宙由元气构成，元气又由阴阳二气构成，阴阳相互形成金、木、水、火、土五种物质，五行有各自的方位及色彩；其指出人居住的环境本身是一个有机的整体，东西、南北相互阴阳对称，五行和谐，然后相互平衡各部分功能以协调整体的有机环境，求得家宅和谐。另外，周易学说提倡“折中协调”为其核心内容，即中国古文化中的“中庸”之道，“中庸”之道体现在人们日常生活的各个方面，成为人们判断事物的审美标准。在建筑方面的表现就像巩义的院落选址及布局一样，它的选址以及大门的方位、朝向都要满足阴阳五行的方位，同时院落对称布局，阴阳相生，形成围合的院落空间。

几千年来，这些思想和观念可谓渗入老百姓的血液中了，人们潜移默化地去接受，并默默地遵循和传承，在生产生活中恪守。因此，这些观念也体现在和人们的生活息息相关的建筑中。

三、经济技术因素

建筑的形式除了受到环境因素和社会文化因素的影响之外，在一定程度上还受到经济技术的影响。随着文明的发展以及科技的发展，窑洞这种建筑形式也有着一定的变化，更有利于人们的居住，舒适性、安全性、环保性、美观性都有很大的提高。建筑的建造技术及经济状况是制约和影响建筑形态的另一重要因素，不同地区之间的经济状况存在着差异，在营建技术和装饰工艺上也有着不同之处，所以在地域环境的影响下，建筑也相应地呈现出不同的特征。在自然环境和文化环境的影响下，要结合技术的运用才能充分发挥其本质，使建筑具有合理性和经济性。技术一旦与文化割裂开来，只是盲目地使用技术构筑建筑，那么地域建筑就会失去其文化特征，以及其具有的特异性和连续性。只有当技术的发展和人们文化性的需要，达到与社会条件、自然条件符合的地域特征，才能创造出优秀的民居建筑。

经济地理环境是地域聚落和建筑发展的基础，地域经济活动也对聚落的性质、规模和分布有一定的影响。经济条件好、经济活动多的地区往往聚落较密集、规模较大、规划与营建水平较高、结构较完整。由商业活动中心发展而来的传统聚落村镇也有很多，“商路”促进了沿途聚落的形成与发展。经济活动对商路上的传统聚落和传统建筑的影响尤其显著，作为水陆码头和驿站的传统聚落村镇，其兴盛是地域经济活动与经济环境直接影响的结果。地域经济活动还影响着建筑的总体面貌、设计施工和建筑材料、加工与装饰装修等方面。经济条件较好的地区，其传统建筑规模较大，建筑施工水平与构件加工水平较高，用料好，装饰繁复。商业活动不仅代表着物质流通，还促进了各地文化的交流，使地区文化交流更加频繁。

（一）经济地理环境特征

早在自给自足、自然经济为基础的社会中就有了最初的民居建筑。与商品经济相比较，自然经济的产品不是为了交换，而是为了满足人们自身的需要而产生的。不同的经济形态与生产方式对传统民居的形态有很大影响。河南从古至今都是以农业为主的经济模式，农耕文明的社会的生活方式是以定居为主的居住形式，定居的生活使人们更重视对居住场所的营建。小农经济的发展在中国封建社会长期停滞，但也是保证了传统民居构筑形态特征相对稳定发展的重要因素。从事农耕经济的人们以土地为生产资料，耕作出来的结果是获取丰富的生活资料的来源。受这种经济模式影响的河南传统民居建筑形式有窑洞土房、石屋和合院木楼等。

河南省地处我国中西部地区通向沿海开放地区的结合部，是我国由东向西梯次推进发展的经济中

间地带。河南是中国的关键交通枢纽。如今所称的陇海交通线，实际上就是自古以来横贯中国的东西交通大动脉，也就是后来的“丝绸之路”和当今所称的“欧亚大陆桥”。中国的二、三阶地相交处，为中国古今南北交通大动脉，即今谓之京广线。两大交通线在河南交汇，这种优越的地理位置和方便的交通条件更加密切了河南与全国各地的联系。河南在全国经济活动中具有承东启西、通南达北的重要作用。

独特的地理位置，古时货运、水运的必经之地，商贾云集于此，河南是当时中国通商交通的必经之地，是各族人民频繁活动和相互交往密切的场所。河南自古是王朝更替、战乱频繁的地区，古语有云：“得中原者得天下。”例如：夏朝定都阳城（今河南登封）；商朝定都于亳（今河南商丘），后迁都于殷（今河南安阳）；东周定都洛邑（今河南洛阳）；东汉定都雒阳（今河南洛阳东）；魏、晋均定都洛阳（今河南洛阳东）；南北朝的北朝建都平城，后迁都洛阳（今河南洛阳东）；五代的梁、汉、周的都城在今河南开封，五代的唐的都城在今河南洛阳；唐代都城为长安，洛阳为陪都；北宋都城在东京（今河南开封）。为了政治的控制和经济的交流需要，中国境内各地区之间交通道路的开辟很早就开始了，重要的聚落之间有了相当发达的水陆交通路线。河南是中国的大水陆交通枢纽所在地，中国三大水系——黄河、长江、淮河与中国几条重要陆上交通干线分别交汇于河南之北、西南、东南部，是中国古代文化尤其是建筑文化重要的交流传递线路与枢纽。沿着这些线路，周边区域的先民们创造、留下了许多灿烂的建筑文化。

（二）经济因素影响下产生的地域建筑特征

河南是我国的农业大省，自古以来都是我国重要的粮食产区，这种经济结构特点对河南地域文化的形成有着深刻的影响。农业在历史上很长一段时间内一直是中国经济结构的中心。在农业经济占绝对统治地位的历史时期，河南早期适于农业生产而发展迅速，成为国家的中心。华夏民族的传统文化，从本质上讲是一种农耕文化。从整个农业文明的历史阶段来看，经历了漫长的发展过程，而从某个地域性的文明自身的发展来看，也相对是缓慢的，有时甚至几乎是静止的，这主要是因为农耕经济下生产力水平相对比较低下，而且由于交通方式的贫乏，文化之间也缺少频繁的交流与融合。河南的农业文化，是一种伦理文化，重亲情、和谐、中庸，积极的作用在于务实，让人容易养成一种淡定从容的心态，其负面作用则是有保守的一面。经济结构形式对传统聚落的影响主要表现在宏观方面，它对聚落的地区分布状态、聚落的结构形式和传统建筑型制等方面都有深刻的影响。

特有的交通和地理位置也为河南带来具有地域特色的商业经济。商业性聚落的特点是一切为了商业的目的布局和建造，称为集镇。聚落的主要经济活动方向决定着聚落的性质。乡村聚落经济活动相对平稳，主要内容就是农业经济，习惯上称为乡村。城市聚落经济活动相对比较活跃，各种经济活动内容繁多，反映出城市所具有的性质和功能特征。商业性聚落一般围绕集市或水岸码头展开布局。商业性聚落内部结构的主要特征是商业街道居于核心的地位。其平面形态则受当地山水环境以及与相邻聚落联络的道路格局的影响，或做带状伸展，或做块状集聚，并随本身的成长而逐步扩展，如南阳地区淅川县荆紫关镇。

第二节　巩义窑洞的历史

前面提到，巩义的历史可追溯到旧石器时代，洪沟旧石器遗址距今已有11万～13万年，位于巩义市东北部，处在黄河和洛河交汇的内夹角地带。在这个古人类遗址中，发现了人工挖掘的土坑和土崖。经过专家验证，大部分人认为是古人捕杀野生动物的陷阱，但也有部分专家认为很有可能是原始洪沟人居住的窑洞。根据对历史的种种推测得出结论，古时候黄河也许并不是现在的样子，而洛河已经初步形成规模。当时的洪沟遗址是一片片荒草覆盖、丛林密布的地带，适合人类居住。原始洪沟人便从峻山走向平原，并居住在此，在植被茂密的山丘上到处觅求野生瓜果和野生动物，在水中捕捉鱼虾等食物。使用木质工具在地壳运动、雨水冲刷所形成的黄土崖下挖出无数个大小不等的洞穴用于居住，这也许便是土窑洞的雏形。巩义市域范围内保留有大量裴李岗、仰韶及龙山时期文化遗迹。从裴李岗遗址中就已经发现横向原始窑洞，这应该是巩义最早出现的窑洞形态。进入到商周时期，木构架的房屋逐渐开始出现，建筑活动十分活跃。但实际上，在奴隶社会时期，众多的奴隶仍然居住在开挖的洞穴内。到了魏晋南北朝时期，石拱技术达到了很高的水平，而凿建窑窟又极为风行。位于巩义市市区西北2.5千米的洛河北岸的邙山（当地称大力山）岩层上的巩县石窟（图1-11），属全国重点文物保护单位，就是在北魏时期建造的。现存大窟5个，摩崖大像3尊，佛龛约1000个，摩崖造像龛238个，总计造像7700余尊，铭刻186方，历经北魏、东魏、西魏、北齐至唐宋几个朝代。其总体风格与龙门石窟十分相近。巩县石窟不但体现了北魏时期佛教在中国的兴盛、匠人们精湛的雕刻技术，同时也从侧面反映了石拱技术开始逐渐用于地下窟室及洞穴（图1-12至图1-14）。

图1-11　巩县石窟

图1-12　巩县石窟——石雕

图 1-13 巩县石窟——窑内石雕

隋唐时期是中国古代社会发展的高峰，这也包括建筑方面所取得的成就，人们已经能建造宏伟的宫殿和庙宇，这时已有黄土窑洞被官府用作粮仓的明确记载。司马光在《资治通鉴・高祖皇帝下》中说道："冬十月置洛口仓于巩县东南原上，筑仓城周围二十里，穿三千窖，窖容八千石。"而从当时的府、县志记载与古迹中可知，这一时期的开挖建造较为用心，窑洞也一直在民间使用，这就产生了真正的窑洞民居。唐代诗人杜甫的父亲为当时的巩县县令，杜甫自幼生长于巩县窑洞内，如今在巩义市站街镇南窑湾村依然保存着杜甫的诞生窑（图 1-15）。1961 年杜甫被世界和平理事会列为世界四大文化名人之一后，河南省巩义市政府在他的出生地南窑湾村建立了纪念馆，郭沫若亲书"杜甫诞生窑"嵌于门额，成为省级重点保护文物，但从保留下来的窑洞的材质和工艺来看，应当是明清时期重新修葺过。此外，宋代的一些县志上也有关于窑洞民居的记载："曹皇后窑在县西南塬良保，宋皇后曹民幼产于此……"由此可见，唐宋时期窑洞建筑已在巩县普及。

到了元、明、清时期，中国传统古建筑发展达到顶峰，建筑材料与形式都更加成熟。元代时已有一些门用半圆形券和全部用砖券的窑洞了，如陕西省宝鸡市的金台观张三丰窑洞即是一例。明代

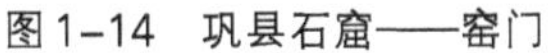

图1-14　巩县石窟——窑门

图1-15　杜甫诞生窑

时，砖产量大增，民居中开始普遍使用砖瓦。巩县甚至还盛行一些窑洞庄园，闻名全国的三大庄园之首——康百万庄园即位于巩义市康店镇，是豫西地区乃至全国范围的窑洞庄园的代表。同时，移民文化以及豫商文化为巩县的窑洞带来了更好的发展，张祐庄园、泰茂庄园、刘镇华庄园等窑洞庄园均由清末或民国保存至今，建造工艺和规模至今都令人赞叹。在新中国成立后，国家又根据巩义的地理特色，在这里设立了几座大型地下窑洞式国库，有的深达数千米，宽可并列数辆汽车，内藏无数备战物资以及生产生活物资。

一直到20世纪70年代，窑洞还是巩义地区住宅的主要形式，即便在山势嶙峋、不便挖窑的地方，人们也会因地制宜，以石建窑，并且一直延续了窑洞与院落相结合的传统形式。直至2000年，巩义40%的人都仍居住在窑洞，而70%的住户依然拥有自家的窑洞，其中不乏拥有历史研究价值的自宅，例如薄沟民居等。同时，以康百万庄园为首的几大窑洞庄园以及杜甫故居窑洞依然保存较好，成为旅游和窑洞学者研究的对象。窑洞建筑不仅成为巩义以及巩义人民生活的一部分，而且成为巩义自身文化的象征。巩义上上下下有近10个村落以窑洞命名，如窑岭村、南瑶湾村、天井坑村等。

第三节 巩义现存窑洞的数量及分布

河南省的窑居村落主要分布在郑州以西、伏牛山以北、黄河两岸的荥阳、巩义、偃师、洛阳、新安、三门峡、灵宝等地。2000年，巩义市的康店村约有45%的农户住窑洞，三门峡市宜村乡西张村镇约占65%，灵宝市西章村约占30%。而以上几个村庄在1990年以前曾有50%～80%的农户住窑洞；同期，洛阳市红山区葛家岭村、三门峡市宜村乡宜村、丁营等农户住窑洞的比例达到了90%。

随着社会经济的发展，这些窑居村落的居住率逐渐降低，有些村落中的窑洞甚至无人居住。以巩义市康店镇为例，现有窑洞4500孔左右，多为开敞式靠崖窑洞。这些窑洞大多是祖辈留下来的，有100～200年的历史。居住窑洞的人口占全镇人口的30%左右，且多为老年人，青年人大多在山下新建砖瓦房居住。随着新农村建设的开展，镇政府计划将窑居村民进行整体搬迁，弃窑建房已成定局。

表1-1窑洞居住情况及健康情况调查表和表1-2窑洞优缺点调查表主要在巩义市河洛镇及西村镇进行调查，调查对象按年龄段分为0～18岁、18～35岁、35～50岁、50～70岁、80岁以上的居住窑洞或曾经居住过窑洞的人群。调查结果明确：居住窑洞的人群健康状况普遍良好；窑洞的主要缺点集中在采光较差、通风不良、潮湿易霉；年轻人普遍认为居住窑洞不便，是落后的表现，大多有弃窑建房的打算或者已经不再居住窑洞。

表1-1 窑洞居住情况及健康情况调查表

问题	问题内容	0～18岁（32人）		18～35岁（27人）		35～50岁（43人）		50～70岁（54人）		70岁以上（24人）		总人数（180人）	
		人数	比例	人数	比例	人数	比例	人数	比例	人数	比例	人数	比例
曾居住窑洞时间	5～10年	15	47%	6	21%	5	11%	0	0%	0	0%	26	14%
	10～20年	17	53%	14	52%	6	14%	4	8%	0	0%	41	23%
	20～30年	0	0%	7	27%	20	45%	9	15%	0	0%	36	20%
	30年以上	0	0%	0	0%	12	30%	41	77%	24	100%	77	43%
健康状况	健康	25	79%	23	86%	38	89%	42	79%	20	85%	148	82%
	一般	4	12%	3	10%	4	9%	7	13%	3	12%	21	12%
	体弱多病	3	9%	1	5%	1	2%	5	8%	1	8%	11	6%

表1-2　窑洞优缺点调查表

问题	问题内容	0～18岁（32人）		18～35岁（27人）		35～50岁（43人）		50～70岁（54人）		70岁以上（24人）		总人数（180人）	
		人数	比例	人数	比例	人数	比例	人数	比例	人数	比例	人数	比例
窑洞优点（多选）	冬暖夏凉	32	100%	27	100%	43	100%	54	100%	24	100%	180	100%
	寿命长、费用低	6	19%	10	36%	25	59%	37	69%	20	85%	98	54%
	节约耕地、环保	24	75%	16	60%	18	41%	36	67%	18	77%	112	62%
	防自然灾害	10	30%	4	14%	15	34%	25	46%	15	62%	69	38%
	防火防震	13	42%	5	19%	12	27%	12	23%	6	27%	48	27%
	防辐射、防噪音	17	53%	8	29%	19	45%	36	67%	14	58%	94	52%
	其他	11	35%	1	5%	3	7%	5	10%	0	0%	20	11%
窑洞缺点（多选）	采光通风差	30	94%	25	94%	39	91%	48	88%	17	69%	83	46%
	空间单一、不宽敞	30	94%	14	52%	17	39%	16	29%	6	27%	83	46%
	潮湿、难以排水	26	82%	15	55%	25	57%	44	81%	22	92%	85	47%
	基础设施不完善	29	92%	22	83%	25	57%	17	31%	2	8%	95	53%
	安全性差	20	63%	21	79%	21	48%	14	25%	0	0%	76	42%
	其他	5	15%	3	10%	2	5%	4	8%	0	0%	14	7%

第二章 聚落空间形态

一、聚落形成的起源

“聚落”一词最早出现在《汉书・沟洫》中。“贾让奏：时至而去，则填淤肥美，民耕田之，或久无害，稍筑室宅，遂成聚落……”“聚”为聚集，“落”为落地生根和定居之意。“聚落”是人类各种形式聚居地的总称，是乡土社会的基本单元，是居民按照生产和生活的需要形成的聚居点，泛指人口聚居地社会性空间。聚落地理学把聚落划分为乡村和城镇两大类。古代的聚落是指村落里邑，人群聚居的地方，因为防御性的需要，一般多设寨墙或沟壕等，以防战火、盗贼和水患。

人类社会中出现的聚落是有从乡村到城市的过程的。普遍来讲，城市是由乡村发展而来的。聚落形成始于远古时代末期，随着社会文明的逐渐演化和进步，在原始社会时期出现了以氏族为单位的聚落，即纯粹的农业村社。在有关史前氏族部落的活动的影响下，聚落的形成、最早城市的出现与国家的出现有相关的联系，《周礼・考工记》曰：“匠人营国。”即工匠营建城墙之意。进入奴隶制社会后出现了居民不直接依靠农业营生的“城市型聚落”，但是在奴隶制社会和封建制社会中商品经济不占主导地位，在那个时期，聚落的主要形式还是始终以乡村聚落形式为主。在进入资本主义社会后，城市型聚落的广泛发展使得乡村聚落的优势渐渐丧失，随之成为聚落较为基层的组成部分。聚落具有不同的形制和形态，它受到社会、文化、地理、经济、历史诸多条件的限制。一般来讲，聚落的性质取决于支撑聚落的主要经济活动。乡村聚落经济活动是以农业经济为主，普遍称为乡村。城市聚落经济活动的组成部分繁杂，各种经济活动的走向决定着城市的功能和性质特征。聚落通常是指固定的居民点，稳定性是其明显的特点，只有极少数游牧民族会有一些游动性。聚落由各种复杂的要素组成，这其中包括：道路、绿地、水、建筑物、构筑物等。聚落的建筑形式因居住方式不同而各异，例如，中国福建地区的土楼、黄土高原的窑洞、河南地区的传统聚落等，都是比较特殊的聚落外貌。

混合型村落指的是窑居院落与瓦房院并存。20世纪70年代以前，窑居院落占据的比例较大，土木结构的瓦房占少数。近年来随着生活水平的提高，许多住户弃窑建房，使得窑洞走向衰落，究其原因，窑院通风不畅、阴暗潮湿，当地年轻一代认为住窑洞意味着贫穷与落后，纷纷“弃窑建房”。这是现在较为多见的一种村落形式。这种聚落形态建设无序，具有盲目性，缺乏统一规划与限制，但是我们在地上体系的乡村聚落中能发现蕴藏在表象背后的一些共性。乡村聚落的小尺度道路系统构成了大部分传统乡村聚落的格局，它们在空间上具有独特的魅力：尺度亲切适宜交往，线状流通空间，曲折进退，变化细致丰富，可行、可驻足停留。在与聚落生活组织形式有关的各种联系中，邻里是最简单、最基本的形式，它简单到没有任何组织形式，因为它是居住模式中自然生长出来的与感情有关的

联系。虽然村落的整体外形受风水理念的限制，结构秩序受宗族观念的支配，但是到了宅院邻里布局层次，空间与人的生活息息相关，空间的尺度、空间的组合形式显然受到人们在日常生活中的行为、习惯等种种影响。

二、聚落的选址

截至2018年底，巩义市常住人口83.83万人，人口数量还是比较庞大的，甚至相当于欧洲一些小型国家的人口数量。人们大多以聚居型为主，一大家生活在一起，沿着沟道两侧，依山建造窑洞。豫西地区的窑洞民居就分布在地貌复杂的黄土地区，在开阔的沟壑阶地多有村镇散居其间，狭窄处陡壁直立，沟壑纵横可延伸数千米，在沟崖两侧如串珠般地密布着窑洞山村。由于人口不断发展和种种自然、社会等因素，窑洞山村逐步向沟顶及塬上发展。

由于地形地貌和环境条件的不同，塬上地区现存的窑居聚落大多经历了数百年的发展变迁。这些聚落的共同特征就是同属地缘型聚落，即中心不明或多中心格局。窑居村落布局形式也不太相同，有矩形的，有沿山布置的，有顺坡向上或向下发展的，也有形成层叠式的。带形或蛇形的窑村大多沿沟、河谷两侧的断崖布置，窑村的形式不受地势的影响。就各窑洞群体的建筑艺术来讲，分为两种类型。一种是在黄土塬中形成的下沉式窑洞村落，在建筑构图上是潜掩型空间。虽然窑洞建筑本身在群体上看不见体量空间，但若在黄土塬上登高鸟瞰，则会发现一幅奇妙的图景。棕黄色的黄土塬上，一个个下沉式院落星罗棋布。在平缓的丘陵上，土围墙的影子勾画出几何形体的格子，很有建筑韵律感。另一种是在黄土沟壑、裸赤区所形成的靠崖式窑洞山村，在建筑构图上是台阶型空间。在建筑景观上它起着装点美化环境的作用，三五成群地镶嵌在山腰上。地处黄土高原末端的豫西窑洞民居，在环境空间构图与建筑风格上有其地方特色。人口稠密，窑洞山村规模庞大而且集中，沿地形变化，随山顺势，易于被人所感受。立体的山村，于宽阔平坦的浅谷之中，虽为黄土乡里而村前自由叶陌，枣林柿子树杂陈塬上，路径串联着错落有序的窑洞，给人的感受既不同于江南水乡，也与平原村落不同。

三、院落的类型

把单体建筑按一定秩序组合起来形成院落，是传统建筑群的常用手法。豫西地区因受自然条件和文化等多方面的影响，民居院落的平面布置形态呈现多样化的特点，大致可归纳为五种基本形式：四合院、三合院、窑房院、前后排房的二合院和一合院。根据四周建筑物围合的情况，若四周都布置建筑，且房屋互相独立，房屋之间的空隙再用围墙围合，则形成四合院。同理还可形成三合院。小户人家甚至只有一座房子加周边围墙，即形成一合院。四合院与三合院是广泛分布的，它们作为一个庭院基本单元可独立存在，对于小户人家即可成为一座宅院。若进一步组合则可成为中型或大型的复合型院落，如巩义康百万庄园。窑房院是靠崖窑洞与房屋的组合形制。此类组合一般是以三孔窑洞为正房，主窑座中，两边为次窑，庭院左右分列厢房，且两厢房的间距较小，一般4～5米，沿纵深方向也可组合为两进院或更多。前后排房组成的二合院因地势高差较大，前后排房屋沿等高线布置，内庭院前后窄面宽大。这种顺应地形分台阶建房的方法，形成了层层递上的建筑与自然山形高度结合的景观，是与环境空间协调一致的体现。

院落布局既能适应大家庭居住，也满足了传统伦理道德观念的需要。尊卑长幼有序，聚则于庭院，欢声笑语，其乐融融；分则各有其所。同时，院落外围闭合内院露天的空间可以有效地抵御寒风侵袭，减弱不良气候的危害；利用冬夏太阳入射角的差别和朝夕日照阴影的变化，庭院内的各单体建筑可互相遮阴，又不误纳阳。庭院内还可种植花木，引来花香满院，造就满院阴凉。这种有机的平面组合形态，为居者提供了方便、安全、宁静与亲切感，很是人性化。

由基本型庭院经进一步组合，即可形成一座中、大型院落。院落组合方式都是先沿轴线纵向扩展，再横向扩展而成的。宅院规模大小视主人的经济能力、社会地位和个人喜好而定。通过基本庭院组合的手法可以实现主人的多种需求。

（一）纵向组合

院落组合首先是沿中轴线向纵深组合，前面一个四合院，后面一个三合院，就形成了一座二进四合院。在二进院的基础上沿中轴线继续叠加三合院，即变成三进、四进等多进四合院。三进、四进院的组合有完整型和简化型两种形态。完整型即每个庭院中的厢房、正房俱全。简化型，往往是受到宅基地长度所限不得已而为之。例如，在第二进院中把正房减掉，只有两所厢房组成二进院。这种简化形制也适用于二进院的情况，如康百万庄园住宅区，因基地长度紧张，有几座二进院的正房被减掉，变成简化型院落。

（二）横向组合

单独的院落纵深一般不超过两重院，再深则会因狭长显得比例严重失调，且应用不便。此时，若需要进一步扩大院落群体，就要在纵横向同时发展，以便能更好地组织空间，便于使用。民居中横向发展的模式有主次院并列和两组或多组并列等形式。

在院落组合转换中，往往以二进庭院与三进庭院之间的转换婉转曲折、悠长迂回的居多。每个庭院都是一个独立的空间，具有很强的私密性，从一个院落不可能对另一院落一览无余。典型的形制是，进大门左转进入前院，从前院进入后院则要从厅堂一侧或两侧绕过，使庭院多一分宁静和内敛，从而创造出了丰富的视觉和心理效果，更增添了“庭院深深深几许”的诗意。

豫西地区的院落还有一个特点就是“宽房窄院”，主要体现在正房的露脸宽度上。所谓正房露脸宽度是指左右两座厢房前檐闪开之距。由于豫西地处黄土丘陵地区，地面珍贵，正房露脸普遍为一至二间，属于窄型院落；而正房露脸宽度在两到三间的为宽型院落。

四、窑洞民居的建造条件

巩义的各类窑洞是中国几千年来穴居形式的高峰，形成了一道亮丽风景线。浙江电视台把它评为经典民居向世界播放；北瑶湾的靠山窑被列入《中国居住建筑简史》；西村的下沉式窑院被日本书籍转载；康百万的窑洞被外国专家测绘分析、绘图，向全世界介绍；日本、瑞典、马来西亚等国家的

专家专程来此考察，给予了极高评价。日本专家以“天井院”窑院为思路，大胆提出，解决通风照明后，日本的居住将来向地下发展要比向天上发展科学得多；瑞典科学家依据窑洞的优点，用人工制造材料建造未来的窑洞住宅，十分引人注目。

巩义窑洞可谓是集历史价值、艺术价值、科学价值于一体，而诸多的先天和后天因素成为巩义窑洞民居最有利的建造条件。

（一）先天的地理优势

由于巩义地处嵩山北部及黄土高原东南末梢，又受季风、黄河影响，地质复杂，有些黄土能挖窑，但是百姓要生活，贫富又不一，挑选余地受限制；而有些不适宜挖窑的地方，需要用多种方法来弥补、支撑。如南河渡一带的土崖，比较靠上的部分多为马兰黄土（老百姓称之“立批子土”），挖成的窑顶易塌落，挖成后窑内就采用局部支撑的办法，有的“打砖券拱”，有的用“木梁撑”。如焦湾村著名画家谢瑞阶家的土窑洞，内部横有大梁，上有脊檩、腰檩，然后用椽子斜撑两边，这样窑顶的大块土就被这大型木架“撑住”，以保居住安全。

巩义地形，沟壑纵横，河洛冲刷，居民多依据地势，挖“靠崖窑”较多，特别是河洛镇及沿沟两边的居民，他们采用多种形式，建造各类窑洞，有的一层，有的两层，还有的多层，辅助材质有砖、石、木等，有大有小，有深有浅，富贵贫贱各不相同。官方也利用这种形式做其他用处，如：隋唐著名的“洛口仓”，穿三千窑，藏粮无数；接待慈禧、光绪的五孔“龙窑”，大得惊人；兄弟两省长的刘振华主宅窑洞，红砂岩贴面数十米高，壁垒森严；新中张诂庄园则拱顶平阔，上下多层，外部呈殿式风格，窑中窑、窑套窑，窑与窑暗地沟通，内部神秘莫测。新中国成立后，国家又依据巩义的地理特色，在这里设立了几座大型地下窑洞式国库，有的深达数千米，宽可并列数辆汽车，内藏无数备战物资及生产生活物资。

（二）难忘的“土窑洞”情怀

巩义地处黄土高原东端，是一个多山的地区，因此挖洞定居便成了巩义先民的主要居住方式。根据考古发掘证明，早在旧石器时代晚期，我们的祖先就已经挖洞而居，即使是盖房，也要向下挖穴，然后筑成穹庐式。所以，古书上便说：“上古穴居而野处。”特别是黄土高原，由于雨水的冲刷，形成了无数大大小小的沟壑，这样更便于挖洞而居了。因此，地处豫西黄土高原的巩义人便祖祖辈辈地在窑洞里生活，一直到20世纪70年代，窑洞还是巩义地区住宅的主要形式。即便是在山石嶙峋、不能挖窑的地方，人们也要采石券窑，而且往往是窑洞与房屋相结合，构成窑房宅院（图2-1）。

席彦昭曾感慨，从黄河、黄土中走出来的人总忘不了土窑洞。别小看了这些简单易行的土洞，不仅从这里孕育出华夏民族，也形成了中国民居的主流。

原始社会的主要居住形式是巢居与穴居，后来逐渐发展成土木结合的“土木工程”，早在五六千年前，巩义地区的赵城人已把这种土木工程做得很不错，后来逐渐发展成本地的硬山式为主的民居，成为我国民居的主流。但是，巢居与穴居同样被保留下来了。巢居发展成后来南方少数民族现在还居住着的干栏式建筑，以土为主的穴居则发展成北方现在的窑洞民居（图2-2至图2-6）。

图2-1　罗泉村石券窑村聚落——窑房宅院

图2-2　原始穴居实景

图2-3　原始穴居效果图

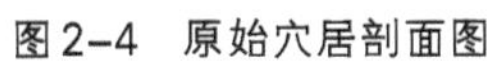

图2-4 原始穴居剖面图

图2-5 原始巢居

图2-6 干栏式建筑

（三）风水观念：八卦方位和阴阳五行理念

中国古代的风水理论深刻影响着古代人们宅邸的规划建设，窑居村落的建设也不例外。如今我们强调人、建筑、环境三者之间应保持和谐的关系，而看风水从某种意义上来讲，正是牵涉到对于环境的选择问题。人们总是要生活于某种环境之中，环境的好与坏就不免会对人的生活和行为产生积极或消极的影响，因此人们就必须要对自然环境做出选择。古代盛行的风水学很可能就是为了满足这种要求应运而生的。风水学中指出的人与环境之间可以相互影响和作用的辩证关系是有一定理论依据的。风水观念中的尊重自然环境、与自然环境取得和谐的关系都是影响村落发展的因素，值得我们学习借鉴。

巩义地处中原地区，深受传统思想的影响，阴阳风水之说在河洛地区有着根深蒂固的影响。因此，虽然大部分普通百姓并不懂其中复杂的道理，但根据代代相传的习俗和法则，在住宅修建方面自有其信仰和禁忌。

窑洞村落讲求风水，窑洞的朝向、村落的整体布局都需要坐北朝南、背山向水，负阴抱阳，满足五行八卦的方位要求，能够在满足生活需求的同时利于光照和通风。根据八卦的方位，一个宅院以中间为天井，四周便是不同的八个方位。由于八个方位的五行相生相克的关系，再加上风水学方面大门、主室、灶房等在五行上相互影响制约等因素，宅院坐向就有了优劣的区别。所以，人们在平时选择宅基地时都要优先考虑坐北朝南、坐西朝东、坐南朝北三种，不是万不得已的情况下，一般是不会选择坐东朝西的宅院结构的。即使住进坐东朝西的宅院，也要找个风水先生认真相看，采取一些变通措施，趋吉而避凶。

在宅院的建设中，一些传统的准则大家都坚信不疑，比如房屋建筑后高前低，厢房建筑尽量对称协调，大门不冲大路，房门不冲墙头，厅堂门不冲滴檐水，等等，诸如此类的准则都是人们相互恪守的。宅院前宅院后种树也是有讲究的，前面不栽桑树，后面则不栽柳树，院的正中央不栽大杨树，门前不种柏树，院中不种柿子树，后院不栽竹，等等。

在中国的风水理论中很强调门的安置，因此在确定宅门的定位和尺寸时须煞费苦心。按风俗观念来讲，“宅门”是“煞气”的必由之路，所以要用镇符镇住“煞气”。在民间流传最广且具有感情色彩的镇符形式是贴门神、除夕夜放置桃木杠。贴门神的风俗后来演化为年画和楹联，意在图个吉利。

第三章　话说巩义窑洞古民居

窑洞民居纵然以古朴粗犷、乡土味浓著称，也还是粗中寓细、土中含秀，对重点部位很重视艺术处理和装饰。豫西窑洞民居中，重视护崖墙、女儿墙及坡道的处理，窑洞的门楼和围墙则变化丰富。

一、以建窑材料区分巩义窑洞类别

建造窑洞采用的材料与形式有很多种，在巩义大致分为两类。

第一类，巩义自然地势东南部为山区和沟壑，西北部为丘陵与河滩，先民们因地制宜，在东南部多以当地的天然石材为主砌窑洞，如新中的泰茂庄园（图3-1至图3-3），除临街和最上层局部采用砖、瓦、石、木混合材料砌筑硬山式房屋外，其他皆以当地石块、石片砌成，一排十孔，上下六排，并设有许多传话筒与暗道，大院内还有两条由男女分别使用的人行道，上下沟通，依山就势，非常有个性。夹津口卧龙村的吴家山庄现保存下来的4个院落和57孔窑洞，也是全部用当地采集的自然石块砌成。

图3-1　泰茂庄园1

图3-2　泰茂庄园2

图3-3　泰茂庄园3

第二类，巩义西北部丘陵地区的窑洞，多以土为主，少数以砖为主或砖、土、石结合建成。以土建窑，除少数贫穷人家采用坯券或麻杂泥垛券外，多利用天然土地或沟壑选址挖洞。条件略好的家庭，除崖上边用石片连起来充当房檐排水护崖外，还将院四周土墙体表面施单层青砖。条件再好一点

的农户将土窑内部“偷券”成一层砖结构，如康百万庄园（图3-4、图3-5）的窑洞，内外装饰，气派大方，既防风挡雨又冬暖夏凉，既湿度、温度适当又隔音。一年四季，除秋季较潮湿外，一般都适宜人的居住，尤其适宜年老体弱者居住，所以当地人称这些窑为“神仙洞”。

图3-4　康百万庄园主宅区1

图3-5　康百万庄园主宅区2

二、生土建筑的“减法”建造

窑洞民居土生土长，从古至今一直延续下来，伴随着传统地上民居从萌芽、成长、成熟、衰退各时期并存，表现出了极强的生命力，自有它独到的优势所支撑，具体表现为窑洞建筑的艺术特征。整个建筑活动是在自然环境中人工创造出供人们生活、生产的体量空间，而这种体量空间的多种组合所构成的建筑形象，则是建筑艺术的基础。窑洞不是在地表上用建筑材料人工建造（围合）的有体量的空间，而是在地壳上挖凿出的空间，是区别于一般建筑组成的概念，这在建筑构图理论上有人称为“减法法则”。因此，窑洞建筑具有其极为特殊的艺术特征，可归纳为以下几点。

（1）因为窑洞要依山靠崖，识土挖洞，保持环境，取之自然，融于自然，所以是最符合现代建筑美学原则的建筑类型之一。

（2）以建筑构图理论的空间体量分类来讲，窑洞属于具有内部空间体量的地下或半地下建筑，适应于减法法则。

（3）窑洞民居因地制宜，就地取材，适应气候、民俗和生活需要，是土生土长的建筑，具有浓郁的风土建筑特色。

（4）功能合理，古朴淳厚，表里如一，结构与建筑融于一体，内容与形式相统一。

（5）妙据沟壑，深潜土塬，有自己的分布规律，表现出独特的规划面貌。

三、古窑洞院落营造特色

院落是农家公共活动的场所，所以主人都会对其进行精心细致的布置。有的院落会在入门后设置影壁，在大门和影壁之间搭架种植葡萄等藤类植物。每逢夏秋之交，枝叶茂密、果实累累，一进大门就会感受到这种极富农家特色的生活气息。其次是种花，分地栽和盆栽两种，多利用小块空地种植，品种多样，因户而宜，花开季节既鲜艳美观又香气袭人，能起到装饰美化的作用。更为重要的是，几乎所有的农家都会在院落植树，多以槐树、榆树、李树、桃树等为主，在树荫下放置石桌、凳子，这是一家人在劳动之余休息聊天的地方。其他如鸡舍、猪圈、厕所等，也要安置得井然有序。

四、古窑洞的建筑艺术特色

（一）窑脸

黄土窑洞只有一个外露的门脸，俗称“窑脸”，是指窑洞建筑的正立面。窑脸是唯一能反映出窑洞的建造逻辑及装饰艺术，展示着窑洞的个性的立面。从最简朴的耙纹装饰、草泥抹面到砖石砌筑窑脸，再发展到木构架的檐廊装饰，历代工匠都将心血倾注在窑洞的这个唯一能对外展示的门面上，真实而富有内涵地把巩义窑洞建筑的装饰艺术特色淋漓尽致地反映出来了。窑脸的营造方式多种多样，受地理、经济的限制较大。如出于经济条件的限制，窑脸可以非常简单，不做任何装饰造型，也可以非常丰富，变化多端。窑脸的多数部位都有特定的名称，按照窑脸的大部件构件来看，窑脸是由窑壁、窑间子、窑檐等构成。

窑壁是指窑脸上墙壁部分。不同的窑洞形式由不同的墙壁组成，一般窑壁由崖壁、女儿墙、影壁和壁龛等组合而成。窑间子是隔开窑洞室内和室外，并对窑口起封闭作用的部分。窑口的拱、门、窗及槛墙统称为窑间子。窑檐是为了防止雨水冲刷窑脸，位于女儿墙根部和拱头线上部，自窑口外砌砖石或土坯，一直砌到与窑洞覆土相齐的窑背上，上部再做成挑檐。

1. 崖壁

崖壁是指窑壁壁面部分，占窑脸总面积最大，也是必不可少的部分。根据营造方式分为砌筑式、饰面式和修整式三种类型。

砌筑式崖壁，顾名思义是由砖石等材料砌筑而成，既能使崖壁耐冲刷、耐风化，也能对崖壁起到装饰作用，常用砌筑材料为砖石。通过对崖壁进行大量分析发现，砌筑式崖壁装饰形式主要有砖砌筑

崖壁、石砌筑崖壁和砖石砌筑崖壁三种样式。

饰面式崖壁分为抹饰崖壁和贴面崖壁。抹饰崖壁是将凹凸不平的墙面上插灰泥（白灰：黄土＝3：7）做底子，然后再以石灰或草泥等盖面，使崖壁平整、整洁、美观，以达到装饰崖壁的作用。贴面崖壁是应用现代饰面材料（如墙砖）对崖壁进行贴面装饰，这种装饰效果无论从色彩、质感还是肌理上都能够随心而设，同时这也是造价相对来说比较高的一种装饰方式。

修整式崖壁是建造窑洞时对崖壁进行修整，保留原始刨削痕迹，削齐崖壁，并修整相对平整且垂直于地面的崖壁。这种崖壁主要用在下沉式窑洞和靠崖式窑洞上，依山或地坑而修，不用任何装饰材料，宛若天成，自然之美表现得淋漓尽致。

2. 女儿墙

提起巩义窑洞，不得不说起“女儿墙”这道亮丽的风景线（图3-6）。从建筑学上来说，它是建筑屋顶上的一堵矮墙，是窑洞顶面与顶部护墙的衔接方式，这种灵活的建筑方式既起到了美化作用，又赋予了维护安全的功能。建造女儿墙的目的是防止行人失足跌落，属于一种防护设施。由于女儿墙处于窑脸的最上部，非常显眼，所以作为一种外形处理手段，很重视美化和装饰。普通百姓家选用土坯修砌；大户人家选用砖石修砌；而有些人家会在女儿墙上增加雕花砖石和纹样，既灵巧又美观；还有的人家会在女儿墙上添加配有装饰图案的小青瓦作为护檐，朴素之中渗透着无形的文化底蕴。

图3-6　箍窑及女儿墙

3. 宅门

入口一直是传统民居中重点装饰的部位。在传统民居建筑中，“宅门”可表现房主的财富和地位等。最简朴的宅门是就地挖洞；其次是土坯门柱搭草坡顶；进一步是青瓦顶；讲究点的是砖砌门拱，上卧青瓦顶；富有人家则是磨砖对缝，砖墙门楼。在下沉式窑洞中，坡道也是装饰的重要部位，同样有各种不同的做法。有的用青石平铺或青砖铺成踏步，甚至还有的用碎石装饰坡道两旁崖面，别具一种自然美。

由于窑洞有尖顶和圆顶之分，所以窑门也有两种形式。又因尖顶承受力差，所以窑洞多为圆顶。圆顶窑门大致可以分为以下几种形式。

（1）延安式窑门。

在挖窑洞时不留小门洞，从门口到里面宽度一样，挖成后一面砌窗，一面砌门。这种形式的窗户大，室内光线好，夏天不泛潮。新中国成立前，豫西山区窑洞很少采用这种形式，新中国成立后才逐渐多了起来。

（2）传统式窑门。

挖窑时，先挖一扇小门，进入1米左右，再向两边扩宽，自然形成一个圆顶门。然后在圆顶上砌窗，窗下安门框，门框嵌在石制或者木制的门墩上。这种窑门在门框下方距离地面约25厘米的地方安装一块槛板，槛板一端凿一个方洞或者圆洞，称为“猫道眼”，顾名思义是家里养的猫进出的小门，实际上它是一个空气调节孔，这个孔与门顶上的窗户形成空气对流，使窑洞内保持一定的温度和通风。窑门的制作相当讲究，如果经济不宽裕，只做一合门（两扇门）就行了；如果经济许可，可以采用砖券窑门。砖券窑门，一般是用青石做根基，用青砖砌窑门；门上出檐数层，上面还嵌有匾额，匾额上雕刻吉祥词语，如“福禄祯祥”“耕读传家”“满院春光”“百福并臻”“天官赐福”“福禄禧寿”等。在匾额边沿，往往雕刻“万”字花纹或者牡丹花纹。有的窑门还券成幔帐式，两边用砖雕刻成幔帐、流苏，这样一来，窑门就又成了可供欣赏的艺术品。

在一处宅院中，中间窑洞为主窑，一般用于长辈居住，往往也是会客和议论家政大事的地方，所以中间窑要比其他窑更高、更深，窑门也要砌得更大一些，雕刻装饰也更讲究一些。如果中间窑门矮小简陋，那就要遭到乡人们的耻笑了。

以前的大门有圆券门和方形木框大门两种基本形式，并由圆券延伸出大车门。方形木框门多在临房中僻出一间或半间作为大门进入宅院通道，俗称门胡洞。大门要用青砖镶嵌，讲究的人家还在门楣上雕刻各种装饰图案，留下位置刻上诸如“耕读传家”“钟灵毓秀”的匾额。也有在临街房以外专门留下大门位置盖个小型的门楼，更显得别致。方形木框门是把做成的门框砌在设计好的门口上，两边石门墩作垫，上面盖门楼，并装饰各种图案。不管是圆券门还是木框门，门板的颜色一般是油漆成黑色。

另外，“宅门”在风水中与主人的吉凶祸福联系得极为紧密。因此在确定宅门的方向、位置等问题时都需煞费苦心。在民间也有各种各样的风俗，比如很多窑洞宅门通过“贴门神”“除夕夜放置桃木杠”的形式来镇住煞气，在民间的流传中这些镇符又赋予了很多感情色彩，形成不同的民间传奇故

事，为朴素的窑洞增添了不少神秘色彩。人们为了图个吉利，“贴门神”的风俗越演越浓，慢慢地成为一种习惯。

4. 窗洞与窗饰

豫西窑洞门窗合一，比窑洞拱跨略小，俗称“锁口窑”。窑洞的窗分为槛窗、顶窗两部分。这两部分既可以独立存在，也可以结合并用。槛窗是位于窑洞槛墙上的窗，它是由格子门演变来的，所以形式也多是格子窗，呈矩形。顶窗和拱头线相联系，以拱头线勾勒外部边界，其装饰和形制务必与拱头线保持审美上的一致，装饰简练。

5. 拱头线

拱头线是随拱而制，沿窗洞外缘所做的装饰处理。因豫西窑洞多是在砖石窑面上砌筑锁扣式拱形窑洞，因此必然是砖、石拱头线，有的在其上部做叠砌出檐或瓦挑檐。

6. 槛墙

槛墙是砌于正面窑腿之间的矮墙，高约 80 厘米，槛墙之上则安装槛窗。槛墙一般由砖石砌筑而成，也有抹灰、抹泥的。有些居住者为了使槛墙更坚固、追求艺术性，槛墙边缘用青石浮雕砌筑，上面雕刻有牡丹、鹤、鹿等吉祥花草和瑞兽，以表达人们美好的愿望。

7. 护崖檐、檐廊

护崖檐，仅仅是为了防护雨水冲刷窑脸而在女儿墙下沿砌筑的一围瓦檐。有一叠和数叠的做法，用木挑檐或砖石挑檐上卧小青瓦组成。每叠的高低尺度颇具匠心，很有节奏感，是装饰窑洞民居的重要手段。

随着窑洞的发展，在巩义窑洞民居中出现了檐廊结构，这种做法多在砖石拱窑前做檐，成为护崖檐的延伸。这种结构有点类似现代建筑的门檐，属于室外庭院到窑内的过渡性结构空间，比如张伯英府邸和巩义市民俗文化屯，虽然数量较少，但在窑洞装饰艺术中处于举足轻重的地位。

（二）窑背

窑洞之上的黄土崖体称为窑背，窑背的厚度不小于3米，是靠崖式窑洞特有的结构。窑背从来都是借山势而成，所以具有浑厚的大地之美，这是任何其他窑洞所不能够比拟的。

（三）门楼、坡道与围墙

门楼一直是传统民居中重点装饰的部位，窑居者常尽可能修建美丽的门楼。在下沉式窑院中还常修有坡道。许多窑洞院落还设有围墙。

五、古窑洞的艺术审美格调

（一）装饰与生活的高度统一

当我们身处窑居村落时，每家每户在房前吊挂的一串串玉米和红艳艳的辣椒会是别样的风景，如果向远处的窑洞眺望，在窑顶晾晒的麦秸将会映入眼帘。这是不加任何雕饰的美景，伴着这些醇厚朴实的乡土气息，不论是在白天还是在夜晚，不论是在炎热的夏季还是在秋高气爽的秋天，窑洞与黄土地的结合都是无与伦比的美丽，是生活赋予了窑洞这样的魅力。庭院中所种植的绿树，虽然原意在于蒸发院落地面湿气，但无形中形成了美丽的庭院绿化。再观察他处，那些在路口山间随处可见的枣树，能让人从远处闻见一股沁人心脾的枣香，如果正好是大枣收获的季节，红艳艳的一片片美景无不更加雕刻出窑居村落的动人与妩媚。

除了这种朴素的乡土气息，在生活中也出现了很多体现文化底蕴的装饰艺术。比如自清代以来，海上桥王氏家族人才辈出，其良好的家风、才德曾受到社会各界人士的厚爱，人们捐赠的匾额甚多。诸如“乐善好施”“武魁”“居仁有义”“德披闾里”“刚方端严”“术妙丹溪”“着手生春”等匾额对联，多达上百。这些匾额既显示出王氏家族德高望重、教子有方的良好家风，又为王氏民居增添了丰富的文化内涵。

（二）直线与曲线对比的空间序列

拱形曲线是窑洞立面建造时采用较多的几何元素，而女儿墙、护崖墙等则以直线建造，形成直线与曲线的鲜明对比，又有机地融合在一起，非常协调。在窑院和内部的小构造上，比如水井、鸡窝、小窑拱等，则使用大小不等的圆弧、尖拱、半圆形拱，赋予其节奏感的变化。而这些弧形曲线的构图中心则多以方形建造，比如门、窗。

六、古窑洞内部布局特色

（一）建筑形式

窑洞深度三丈至十几丈（十至六十几米）不等，宽度约一丈（3.33 米），高度约为一丈半（5 米）。其深度、高度及宽度主要视具体情况而定，如土层的厚度、土质的坚固度、土质的湿润度等。窑洞的土质大致有四种，即白土、红土、姜黄土、烈姜土，它们都有各自的结构特点。白土由于其纹理上下呈竖向构造，含水率低，易风化，较易产生塌方，所以在挖筑时应当及时加固其边缘，用砖石等坚固物砌筑，加强防范，以免发生意外的坍塌，同时又拓宽了室内的使用面积。三丈（10 米）深的窑洞一般挖五至六个坎即可。姜黄土和红土其纹理左右呈横向构造，风化慢，土质层之间黏合度高，一般不易坍塌，比白土坚固。烈姜土是所有土质结构中最坚固的一种，其黏合性、硬度都较高，因此挖筑起来费时间、费力气，但经久耐用，甚至数百年不坍塌。

窑洞内部一般分为前半部分和后半部分空间。前半部分空间主要用于做饭和接待客人，如布局上靠近门的一般是灶台，稍微靠里搁置桌椅等；后半部分空间可以搁置床等生活物具。前后两部分空间一般用隔子隔开。隔子大致有三种：一种是挖筑窑洞时有意留下的用来分隔前后空间的土质结构隔子；第二种是砖结构砌起的隔子，留有交叉的镂空眼；第三种是类似室内屏风的木质结构的隔子，做工精美，图案样式都有所讲究，这种形式多出现在经济条件好的人家。康百万庄园内窑洞的木质隔子就是这类的代表，木材全部采用高档楠木，雕琢精细，图案别致，呈现层层透叠之美感，既满足实用功能又有很高的艺术价值及研究价值，是非常珍贵的木雕工艺品。

窑洞的建造者一般会把洞内挖高，其目的是在一定高度的洞壁上搁置一层或多层木棚，可相应地增加室内的使用面积。如康百万庄园内其中一孔窑洞内连续搁置了三层木板，每一层都留有小门，便于光照、通风透气，同时窑洞的后半部分空间有地下室，紧急时候可将珍贵物件藏入地下。

以往的洞壁和洞顶表面处理方法相对简单，即在挖筑时将其表面刮平并呈现肌理效果的纹路，但是随着时间的流逝，这种处理方式免不了掉土灰。随后，又出现了将洞壁和洞顶表面抹一层白白的石灰，既增加了室内的亮度，又比土质的肌理更加美观，但是时间久了，石灰自然脱落，又影响了美观。于是，经济条件好的住户就采用砖砌的处理方法，即用砖顺着洞壁和洞顶表面的形状垒砌，这种方法既解决了表面脱皮的现象，又较为实用、坚固、美观。

（二）空间组织

首先是套窑。套窑是指依崖开窑后，在主窑一侧或两侧开凿陪窑，与主窑相同，陪窑临崖只开窗户，室内空间明亮而幽静，因此套窑显得神秘而幽静。位于巩义大中桥学校内的“三套窑”是一个典型的代表。在学校东南的一个土崖下，面西向东开挖一孔土窑，窑的南部约三丈（10米）是一道深沟。向东开挖的土窑深约数丈，在一丈（3.33米）深处，在窑的南壁向南开挖一窑，如是三进三连。三孔南北方向的窑洞临沟崖处砌成亮窗，光线很好。三套窑从学校的窑门进入，曲折回还，别有洞天。据说当年抗战时候，三套窑在掩护老百姓方面起到了很好的保护作用。

其次是拐窑。拐窑是指在主窑侧壁开凿的形式较小的窑洞，一般用于储存粮食和杂物，也有把通往套窑的通道叫作拐窑的。还有天窑，是指在底窑的上方或偏上方开窑，规模很小，一般五到七尺，设活动木梯上下，用于储藏烘柿、软枣、柿饼等干、鲜果类。

更有特色的是位于康百万庄园的“丁字窑”，又称“枕头窑”，其名称是根据窑洞的形状命名的，窑洞的建筑形式极为奇特。整个窑洞由两个窑洞相互嵌套而成，“丁”字笔画“一” 位于前半部，用青砖券砌，功用相当于现代建筑中的明廊，采光条件高于一般窑洞；笔画“丨”位于后半部的纵向，窑洞纵深较长，适于休息。该窑洞拥有所有窑洞冬暖夏凉的优点，展示出北方窑洞的突出特点。当年，因接待慈禧有功而被赏赐的金匾就放在此窑中。“丁字窑”简单宏伟的构图、巧妙奇特的模式，在黄土高原（黄河中下游遍筑窑洞的地区）实属独一无二，堪称窑洞文化发展的顶峰。

另外，还有炕窑，即在灶火候的窑壁挖一孔四五米深的小窑洞，高约四尺，长约六尺，冬季作为暖炕可住人。

七、康百万庄园的极品窑洞

我国窑洞通常造型简洁，上部拱圆，下方端直，切合中国传统文化“天圆地方”的思想。窑洞建筑古朴凝重，与周围土丘浑然一体，建筑时就地取材，可分为土窑、砖窑、石窑等。自古以来，文人雅士对窑洞多有赞誉：“远来君子到此庄，休笑土窟无厦房。虽然不是神仙洞，可爱冬暖夏又凉。”

在中原豪宅康百万庄园这处有着四百多年传奇历史的古建筑中，主人依山而居，奇思妙想，以其雄厚的经济实力，把所有窑洞构筑成寻常百姓人家无可比拟的独特窑楼。其特点是：在土窑洞的基础上用青砖券砌，中间再以两层或三层的棚板隔开，每层开设天窗，楼层间用木梯相连，窑洞底部以青砖铺设。这样既利用了窑洞冬暖夏凉的优点，又弥补了其潮湿、通风不畅的不足。

其中，堪称一绝的是康百万庄园现存的一幢明代窑楼。窑洞为砖石接口窑，窑门向东，洞室却自然随地势呈偏北摆向。此窑洞的奇特之处在于砖石接口上方修建“窑上楼”，窑上楼分为四层，用密集的木板作为楼层的间隔，窑上楼南北两侧有两个较小的木窗，三层与四层均在朝东墙壁上开辟一处较大的木窗，楼层间用木梯相连，窑洞门里北侧挖掘一个阶梯形通道与窑楼相连。此楼为康家未出嫁之女居住，正符合当时女子“大门不出，二门不迈”的传统思想。

此外，康百万庄园还有当时被传为美谈的“丁字窑”等，可惜，随着岁月的流逝，这些窑洞多已损毁。从建筑文化的角度去打量它，应该说康百万庄园是精美绝伦的，它对空间节奏的掌握和对细节的处理无懈可击。可以这样说，康百万庄园把窑洞建筑发展到了极致，将窑洞与房舍的结合推向了一个繁复精深的境界。

众所周知，窑洞是开发地下空间资源、提高土地利用率的节能型建筑类型。生土材料施工简便，造价低廉，有利于再生与良性循环，符合生态建筑原则。它充分利用地下热能覆土的储热能力，冬暖夏凉，具有除湿、隔热、蓄能、调节小气候的功能，加之外界气候和大气中的放射性物质对居住窑洞的人影响极小，是天然节能建筑的范例。

当然，随着历史的变迁、社会的进步及生产力水平的提高，人们正逐渐追求一种高层、富丽堂皇的居住方式，窑洞这一古老的居住形式似乎已逐步退出了历史的舞台，但是我们有理由相信，随着文明的普及、人们认识水平的提高和环保意识的加强，窑洞这种居住形式的优点将会被社会重新认识和重视，并发挥其应有的社会作用。

第四章　巩义古窑洞分类

窑洞是我国一种古老的民居建筑样式。勤劳智慧的人们依山靠崖、妙据沟壑、凿地挖洞，以其古朴的风格形成了最基本的居住形式，构成了独特的地域景观。

《易经·系辞》曰："上古穴居而野处。"自然界以其造化之奇功，雕琢出无数奇异幽深的洞穴，展示了神秘的地下世界，也为人类生存提供了最原始的家。从陕西半坡遗址发掘的方形或圆形穴居房屋到现在已有六七千年的历史。

我国窑洞是在黄土高原黄土层下孕育生长的、由黄土高原劳动人民创造的一种财富，主要分布于北部黄土高原地区的陕西、宁夏、山西、河南、河北等地。

豫西窑洞民居基本分布在郑州以西的黄土丘陵地带，这里黄土沟壑纵横，地形变化复杂，物产丰富，人口稠密。人们因地制宜，巧妙地利用河谷、沟壑两侧的黄土阶地，挖掘窑洞并形成窑洞聚落。人们又根据局部的自然环境、地质地貌特征以及地方风俗等不同，创造出各种不同形式的、实用性很强的窑洞。窑洞民居是历史与民俗的交融，是劳动人民取于自然、融于自然的"天人合一"思想的体现。按照建筑布局与结构形式划分，豫西窑洞民居可归纳为三种基本类型，即靠崖式、下沉式和独立式，主要功能是用于居住。

第一节　"古老穴居文化"——靠崖式窑洞

黄土高原多沟壑，因黄土层的垂直节理，沟多沿崖向上形成壁立的断崖，依靠这种自然断崖或崖坡，人们便在自然立面平行向内进行掏挖，这种窑洞称为"靠崖窑"。靠崖式窑洞是最简单的窑居形式，也是我国传统窑洞民居的一种重要类型，一户人家一般有三孔或五孔窑洞。

有的深沟边断崖很高，自然形成几层错错落落很狭窄的台地，每层都挖有窑洞，乡人便称这种窑洞群为"板架窑"。有些很高的断崖，常见的有一户人家开挖上下两层窑洞的。上层的称为"天窑"，比较矮小，用来贮存杂物。在崖壁凿出蹬道用来走上去，也有用梯子的。塬面上大路形成道沟，深约6米。两侧的崖壁也常被用来挖窑洞，称为"沟崖窑"。有些靠崖式窑洞在洞内加砌砖券或石券，以防止泥土崩塌，或在洞外砌砖墙，以保护崖面。规模较大的在崖外建房屋，组成院落，称为靠崖窑院。

一、靠崖式窑洞

靠崖式窑洞出现在山坡、土塬边缘地带（靠山式窑洞）（图4-1、图4-2）以及沟壑的两侧面（沿沟式窑洞）（图4-3、图4-4）。靠山窑前面有较开阔的川地，因它是依山靠崖而建，必然随着等高线布置更为合理，所以窑洞常呈曲线或折线型排列。靠崖窑挖好后，其正面必须是崖坡前部的开阔场地，便于采光通风、人们外出和平时活动，也有些场地宽敞的可以留出一部分作为院落。如果崖坡前方没有相对开阔的场地，则不是理想的靠崖式窑洞的掏挖处。

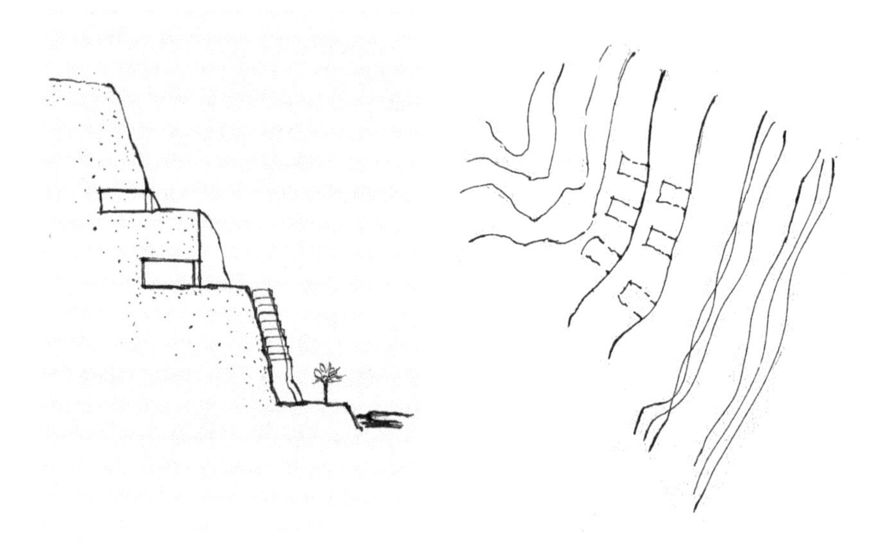

图4-1　靠山式窑洞平面图　　图4-2　靠山式窑洞剖面图

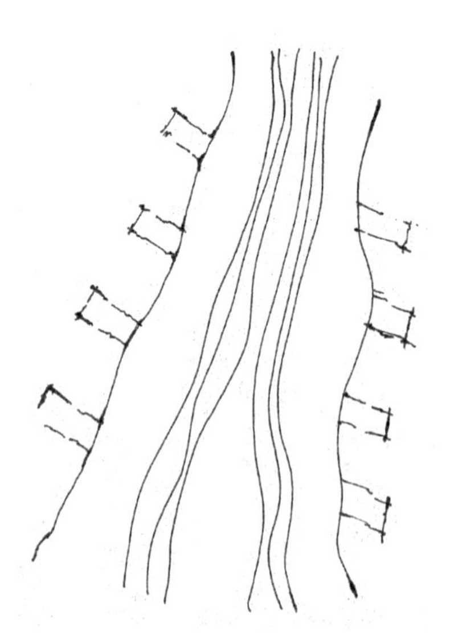

图4-3　沿沟式窑洞平面图

图4-4　沿沟式窑洞剖面图

另外，根据山坡面积大小和山崖的高度，可以布置几层台梯式的窑洞。为了避免上层窑洞的荷载影响底层窑洞，台梯是层层后退布置的，形成底层窑洞的前庭。

沿沟式窑洞是在沿冲沟两崖壁基岩上部黄土层中开挖的窑洞，通常沟谷较窄，有避风沙、调节局部小气候的优点。又因沿沟式窑洞地形曲折，所以聚居的窑洞群通常规模较小，与自然环境结合更为密切。

靠崖式窑洞是开挖较为方便的窑洞形式，可利用的山势地形多，因此这种窑洞的数量也是最多的。一个家庭少则2孔，一般为3～6孔，足够一家人使用。若窑洞前有足够的空地，往往是靠崖挖窑洞，崖前建房屋，可形成窑房结合的四合院。豫西地区有很多这种形式的建筑，以巩义市为最多。

二、靠崖式窑洞村落

巩义靠崖窑是在天然土壁内开凿横洞，根据崖坡的高度与坡度的情况，可以掏挖一层、两层或多层窑洞（图4-5），往往数洞相连，或上下数层。一个区域内多户联排形成窑洞村落，这种窑洞村落一般呈带状布局（图4-6）。常见的布局形式有折线型和等高线型两种。

图4-5　不在同一层面上的靠山式窑洞（多层窑洞）

图4-6　带状布局的窑洞村落

折线型是指多口窑洞按“之”字形或“S”形排列，公共道路循着每户窑洞而筑，方便居民上下山坡。

等高线型是指多口窑洞按照等高线排列，从侧面看，整体排列就像台阶一样，优点是每口窑洞前都有较大面积的平地，可供邻里之间共同使用。

三、靠崖窑院及房屋布局

（一）靠崖窑院的分类

（1）一面靠山挖窑洞，三面盖房，两边为厢房，前面为临街房，形成四合院。

（2）利用山坳，挖成“斗”形院落，三面挖窑洞，前面盖房或者垒墙，称为“窝斗院”或者“椅子圈院”。这种形式可以多挖窑洞，除正面挖3孔窑洞外，两边尚可挖4～6孔，增加了居住面积。

（3）在高山崖壁上挖两层窑洞。因窑头山高，所以往往修筑两层台阶，台阶上下都挖窑洞，形成“天窑院落”，如二层楼一样，既扩大了居住面积，又加固了窑脸，不致因过高而崩塌。

上述3种类型比较普遍。窑洞住宅的窑顶，往往砌有水道，以利排水，避免雨水冲毁窑洞和院落。

（二）窑院

单孔的靠崖窑和沟崖窑过于原始，不便于经营农业又饲养牲畜的生活方式，因此窑洞住居就有形成窑院的倾向。

最初级的窑院是，当靠崖窑和沟崖窑前面地形比较开阔的时候，用夯土或土坯筑围墙，两三孔或四五孔窑洞为一院，这是贫困人家的做法；稍有能力的，则在院子的一侧用土坯砌一两孔“箍窑”（图4-7），即不是在黄土屋中挖出的而是拱券结构的窑洞，多用作杂窑或牲口窑。

图4-7　罗泉村箍窑

进一步的是三合院。利用黄土崖壁的天然曲折加以人工修整，或者纯粹由人工在崖壁或道沟边形成一方凹地，三面挖窑，前面用夯土或土坯筑围墙。一般是正面三孔窑，两侧各两孔或三孔窑。这种三合院有很多变体。一种变体是断崖或土壁不够高，而靠后崖壁的几米向下挖成一个坑，使崖壁有足够的高度，然后挖窑，窑洞地面低于院子前部的地面，因此这种窑院得名为“半明半暗”。另一种变体是，凹地正面挖多孔窑洞，用土坯砌筑箍窑用作厢房，形成院落。

（三）窑院内窑洞的布局

窑院内窑洞的布局有“一”字型、“L”型和三合型。窑院一般都找向阳背风的断崖建造，使主窑尽量朝南、朝东或朝东南。四合院及地坑院则不大受限制，它们总有两个朝向是好的，将朝向好的用于居住，其他窑院多作为杂院使用。在单座窑院中，窑洞的使用有明确的划分。向阳崖壁上的窑院多以朝南为正，背阴的崖壁上的窑院多以朝东为正。一个四合的窑院，院落大约18平方米，正面开三孔主窑。有些矩形院落主窑开五孔，保持奇数，侧面为偏窑。根据窑院的宽窄可开三孔、两孔。与主窑对称的称倒座窑，与华北四合院的侧座名称相同。主窑以居住为主；偏窑用作杂窑，如厨窑、粮窑、井窑、杂物窑等；倒座窑用于饲养牲畜及用作入口门道，有的地方将厕所也放在倒座窑的一角。主窑正中间的一孔是窑院中等级最高的窑。按照传统的伦理纲常，正中主窑为长辈居住，子女住在正中主窑的左右。窑院中很少有专门作为客厅的窑洞，正中主窑兼有客厅的功能。而那些有着几个窑院的大户人家，则分起居窑院、会客窑院和杂物窑院。一座窑院或一组窑院都有满足生活需求的辅助窑洞，其中有些窑是一窑多用。厨窑在窑院中多位于东厢偏窑，水井多在东厢专门的小窑里，靠近厨房。为了解决窑院尤其是地坑院的排水问题，窑院内部挖有渗池或渗井。但渗池不卫生，又使院内地面不平，所以多数地坑院会挖渗井。渗井位于窑院内最低的位置，下挖1～2米深的地窖，直径1米多，上盖一块石板，板中央留一个小口，雨水都能及时排到窖内，渗入地下。从自家生活方便着眼，宽裕的窑院中都有碾窑和布机窑。此外，有条件的还建造地窖，用于贮藏蔬菜、肉类、薯类及粮食。在地坑院里，有一孔窑用作出入口，相当于门厅。正对入口，一些讲究的人家常做一面不高的影壁墙。由于有坡道，入口形式十分丰富，有阶梯式的，有斜坡式的，也有一边阶梯一边斜坡的。坡道有半坡型、曲尺型和双折型几种。为使坡道面不滑，坡道上嵌有礓石（礓石是黄土中的碳酸钙结核）。

（四）窑居结构

顶部呈拱形，底部为长方形。虽然有些地方窑洞的形式有所变化，但是窑洞自身的建筑结构却是一样的。从建筑材料上讲，有石头的、土质的、砖块的。从地形位置上讲，有依山箍洞的，有平地建洞的，有利用古长城墙挖洞的。窑洞的门窗一般是木质框架做成，并装架在窑洞正面。上部为两扇天窗，下部左侧为两扇木板合对而成的门。用麻纸裱糊木质窗格，显得明亮干净而又保暖散气。当然，门窗的结构式样也有其他形式。由于经济条件不同，有些窑洞门面较为简单、粗糙，而有些门窗精雕细刻、制作考究，但是总体框架结构大致是一样的。根据经济情况，大门的建造形式也不相同，既有木条订编的简易大门；也有用大量石块和木头及石狮建成的庄重气派的楼门；还有些无正式的大门，而是将围院墙时留下的豁口称为大门。围墙多采用石头片子垛插而成，既美观又实用，石头墙线条流畅、质感丰富，令人产生无限遐想和意韵。院落里的石碾子、粮食架子、磨盘和牲畜圈以及老槐树，使整座院子里充满农家气息，反映出农民生活的外延。进入窑洞里可以看见建造在右手边的大火炕，炕头前的土火灶用于烧水做饭，同样也给炕加热取暖。窑洞深处通常有一个地窖，里边存放土豆、萝卜和白菜等食物。窑洞里长为8～12米，宽有3米多，走动空间比较小，人们进门后若没有事都上炕去休息或玩耍。窑洞后边一般摆放几个大缸和许多瓷罐。拱形窑洞的传统结构沿用已久。砖窑、石窑的拱圈有单心圆拱、双心圆拱和三心圆拱，以三心圆拱最为多见。三心圆拱用同半径、不同圆心的两个1/4圆弧相交，再内切小圆而成。圆心距俗称“交口”。“交口”长，则拱圈提高；“交口”短，则拱圈降低，拱顶平缓。本地单孔窑洞的参数一般是：宽为10～11尺（3.33～3.67米），进深为22～24尺（7.3～8米），高为11～11.5尺（3.67～3.8米），平桩高为5.5～6尺（1.8～2米），拱部矢高为5～5.5尺（1.7～1.8米），交口为1～1.2尺（0.33～0.4米）。以这种传统数据建造的窑洞大方适中。后来有降低拱圈矢高的倾向，追求拱顶平缓（薄壳窑多用）；基层主窑则保持一定拱度，以保证承受顶盖被覆层的压力。近年来修造的窑洞在注重美观的同时多隔空间，提高利用率，并充分利用轻型耐压高质量建材。窑洞分为土窑洞、石窑洞、砖窑洞、土基子窑洞、柳椽柳巴子窑洞和接口子窑洞等多种类型。人们利用黄土的特性，挖洞造室修成的窑洞叫作土窑洞，一般深为7～8米，高为3米多，宽为3米左右，最深的可达20米。窗户有两种，一种是1平方米左右的小方窗，另一种是3～4平方米的圆窗。其特点是冬暖夏凉。用石头作建筑材料，深为7～9米，宽、高皆为3米左右的石拱洞，叫作石窑洞。砖窑的式样、建筑方法和石窑洞一样，外表美观。一院窑洞一般修3孔或5孔，中窑为正窑，有的分前、后窑，有的一进三开。窑洞一般修在山腰或山脚下的向阳之处，窑洞上面多栽种树木和花草。

（五）窑洞的建造

窑洞的做法、大小相差很大，规格不一。巩义窑洞多为外窄内宽、外高内低的喇叭状。窑洞的立面造型主要由窑券决定。根据窑洞剖面的不同，窑券有抛物线形、半圆形、尖券形和方圆结合形。窑洞的高度一般为3～4米，有的窑洞高度可达5～6米。窑洞的进深差异也很大，普通窑洞深为5～9米，有些地方黄土层的地质条件较好，洞深可挖到15～20米。开挖窑洞十分讲究，从始挖到建成，大致要经过选地、挖界沟、整窑脸、画窑券、挖窑、修窑、上窑间子、装修等过程。挖掘与晾干这种工序往往要重复两三次，直到窑洞尺寸接近预定规模。一孔高和宽都为3米多、进深为六七米的窑洞，从开工到建成要历时两年。一户窑院的几孔窑可轮流开挖，待全部挖好，需要七八年甚至十几年的光景。有些特殊进深的窑，带有拐窑、密室或相通的甬道，在人住进去之后，还可以继续挖，既不影响居住又不影响开挖。窑洞建成后需要经常维修。黄土窑最怕水患和潮湿，维修的主要目的是防水。在靠崖窑、沟壁窑的窑院入口，人们习惯做门楼。最简单的是夯土墙上开个洞，不做大门扇，晚间用木栅栏一挡。稍好的有土坯砌的单坡顶门楼，装上板门，大门涂以黑漆，门框和斗格板的边缘均勾以鲜亮的红漆线脚。上槛之上还做了木斗格，斗格板浅底黑字。这些门楼虽不很讲究，但在黄土地、黄土窑、黄土墙中却显得格外突出而耀眼。挖地坑院时，先要开挖窑院。院坑也不是一次挖成的，先沿边开挖3米宽的深槽，直到6米深的预定地面；然后修整外侧要做窑脸的土壁，要把土壁晾干后才能挖窑。在这段时间里，把院坑中剩下该挖的土挖完，形成院坑，便可开挖窑洞。窑院还要修出蹬道，挖渗井和水井，进行窑顶的平整压实，造护墙等。 窑洞挖好后先装修窑脸，洞内装修一般很简单。人们多在窑内抹一层掺了石灰的滑秸泥或刷一层白灰，再糊上一层纸，有些只在炕的四周贴上一圈纸，叫“炕围”，再贴上各种颜色的剪纸，叫“炕围花”。有的在窑洞顶部做木龙骨，每条檩间隔约10厘米，显得简洁而考究。窑内采用的木构架颜色通常为素木或黑色，与窑内采用的隔扇及门窗相呼应。人们一般将洞前的场地平整成坝，用砖石砌成挡土墙，作为室外活动空间。室内的布局分前、后室，有时一家多窑，窑与窑之间有通道连接。窑洞的构造或为砖拱式覆土窑洞，或为砖砌窑洞，或为纯粹的土窑，装饰上以门窗、炕墙为重点，简洁质朴。窑洞的多数部位都有特定的名称：窑口的前脸称窑脸；窑口的门、窗及窗下土坯槛墙统称为窑间子，起封护窑洞的作用；窑洞深处称窑底；窑洞上面的黄土崖体称窑背，窑背厚度不小于3米。窑洞前的窗下墙建起后，安装门窗抱框、门槛、中槛等，然后装上门和窗。门有单扇，也有双扇；有石板门，也有上部为镂空的窗格式的门；门的上部有做成实板横批槛，也有做成棂格的横批，并与窗连成一体。门窗皆在窑洞的前部，呈半圆拱形，在上部半圆与下部右侧开窗，左侧为长方形的门。窗多以木条钉成几何形窗棂，或以纸糊窗花，或镶玻璃。门多为木框板门，无任何雕饰。有的窑洞对门墙稍做处理，窑顶利用土坡做成坡面屋顶，并加上简单的悬出屋檐以便排水。地坑院的窑背上沿地坑边缘砌筑80厘米高的护墙，有实墙，也有镂空花的。

（六）窑居的优缺点

优点：由于窑洞土壁深厚，窑洞的保温性能很好，夏季晒不透，冬季冻不透，隔音效果也很好，少干扰，这些特性适合了黄土地区缺少燃料资源的特点。建筑的寿命长，使用费用低，地板比地上建筑的地板能承受更高的荷载。不必考虑风、冰雹、雨、雪或其他自然因素的侵袭。采暖或制冷比普通房屋要节省一半到2/3的费用。防火效果也好，火灾向临近房屋蔓延的机会少；抗地震性能强，还能防御放射性物质对人体的损害。地上建筑所形成的“建筑森林”破坏了大自然的面貌，而地下建筑能保持自然的美景。

缺点：由于黄土本身的特性，黄土窑内十分潮湿，窑内的木家具不能直接靠墙放置，否则时间一长，木板就要腐烂。窑内凉爽，适合存放粮食，但粮囤需要做十分复杂的防潮处理，并高高地架在木架上。遇到黄土地区的雨季，窑内潮湿，通风极差，令人窒息。窑洞越深，采光越差。最主要的缺点是窑洞占地面积很大，尤其是地坑窑，一个普通的窑院占地约1.3亩，而普通的砖瓦房院落仅用0.3亩就可以建成。

选择垂直悬崖往里开挖而成的窑洞，只能平列，不能围聚成院，可向深处发展，于崖面开窗而不设门。窑洞较狭窄。临崖面开门窗处，空气、阳光较充足，安排为炕、灶及日常生活起居处；深处则作为贮藏室。窑面及窑内土顶壁，一般用砖镶面或衬砌，以保护土层不坍塌。

第二节 “北方四合院”——下沉式窑洞

上山不见山，入村不见村。

院子地下藏，窑洞土中生。

车从头上过，声由地下来。

平地炊烟起，不见鸡叫光听声。

这首古谣谚是对下沉式窑洞最生动形象的描述。

下沉式窑洞，因地域不同而有不同的俗称，在河南又名“地坑窑”，有些区域的地上居民还谑称其为“地窝蜂”，非常生动形象地反映了下沉式窑洞的居住者“夜晚，人畜入地下而息，地面万籁俱寂；白昼，人畜自地下钻出，犹如地窝蜂般”的生活场景。此外，下沉式窑洞在各地的叫法还有很多，如表4-1所示。

表4-1 下沉式窑洞各地俗称

地区	俗称	备注
河南地区	地坑窑、窑坑、天井院	
陇东地区	地坑庄	
陇东地区	八卦庄	因按八卦的布局
关中北山	地窑、地窑院	
山西平陆	地害院	
山西闻喜县	下跌院子	

一、下沉式窑洞

下沉式窑洞（图4-8）延及豫、甘、陕、晋四省，是我国黄土高原一带民居的宠儿，在豫西地区以河南巩义尤其典型，也是巩义市的特色民居之一，老百姓习惯称之为“窑坑”。天井，“指四周或三面房屋和围墙中间的空地。其形如井而露天”（见《辞海》“天井”条）。因此，中原一带也把“窑坑”称为“天井院”。

图4-8 典型下沉式窑洞分解图

巩义市北临滔滔黄河，南依巍巍嵩岳，林茂草丰，伊洛河横贯东西，地处黄土高原东部边缘，土层厚，系长期堆积而成，老百姓称之为“卧土”，为豫西人提供了特殊的下沉式窑洞建造条件（图4-9）。人们利用这里黄土层坚硬深厚的自然优势，挖掘了借以栖身的下沉式窑洞。

下沉式窑洞的形状有正方形和长方形两种，大小不一，可根据土地面积、地形、居住人口的数量、经济实力综合考虑决定。其营造方法是在平地或台地中央向下挖一个四方天井，深约6米，坑底找平，以井作院，朝四壁挖出窑洞。最大者为“方三丈”（即长、宽、深均为10米的正方体形状），深度一般在6米左右（也有更深的，但出入更加不便），可打窑7～15孔。窑洞的深度一般在10米左

图4-9　黄土高原

右，宽度为2～3米，高度为3.5～5米。为了增加使用面积，窑洞中可以挖坎儿，数量虽无规定，但往往呈对称状。有的在窑壁上再挖小窑洞，名为“拐窑”。有的将两窑挖通，称之为“穿洞窑”，这样可以来往便捷，空气流通，可降低湿度。同时，也可增加高度，在窑壁中间加棚，使之变成两层或三层，利用率更高。另外，还有“天窑”之说。“天窑”是在原住窑洞的上方（一般距下部窑顶2米处）开挖的小窑洞，长、宽、高均小于下部窑洞，主要用于储藏物品，上下时或用梯子，或另砌阶梯。交通方式则是从窑院一角的一孔窑洞内凿出一条斜坡甬道通向地面，为住户进出的阶梯式通道，设置有出水通井，院内一般都种有高大树木，沿窑院顶部四周筑有带水檐道的砖墙，这种做法一般流行于北方黄土地区，这种独特的窑洞大大增加了居住面积。如巩义供销社院内就留存边长10米、深达7米的地坑窑，特别是在东壁上挖建的上下两排窑洞，成为地坑窑中绝无仅有的特殊建筑。《没有建筑师的建筑》一书是最早向世界介绍中国窑洞的著作，德国人鲁道夫斯基在书中称其为“大胆的创作、简练的手法、抽象的语言、严密的造型”，被誉为中华民族的“古民居中的绝唱”，又称它是“地下的北京四合院”或“北方四合院”（图4-10）。

二、地坑窑组成的窑村

远远地眺望地坑窑所组成的村落，是非常奇特的，那是一种“坑连坑、户挨户”的人文景观；而站在坑上村边更有“只闻鸡鸣犬吠，看去一马平川”的奇特景象；在窑院内仰望天空，那种“黄土层、四方天”的景象映入眼帘，这种奇特的美景无不吸引、感染着中外学者，其建筑模式被誉为“建筑奇迹”（图4-11）。除此之外，这种形式的窑洞建筑的窑顶上仍然可以种植庄稼，现在景观设计中所流行的“屋顶花园”（图4-12）的设计方法，似乎就来源于此，它也被西方建筑学家称为“不破坏自然的文明建筑”。

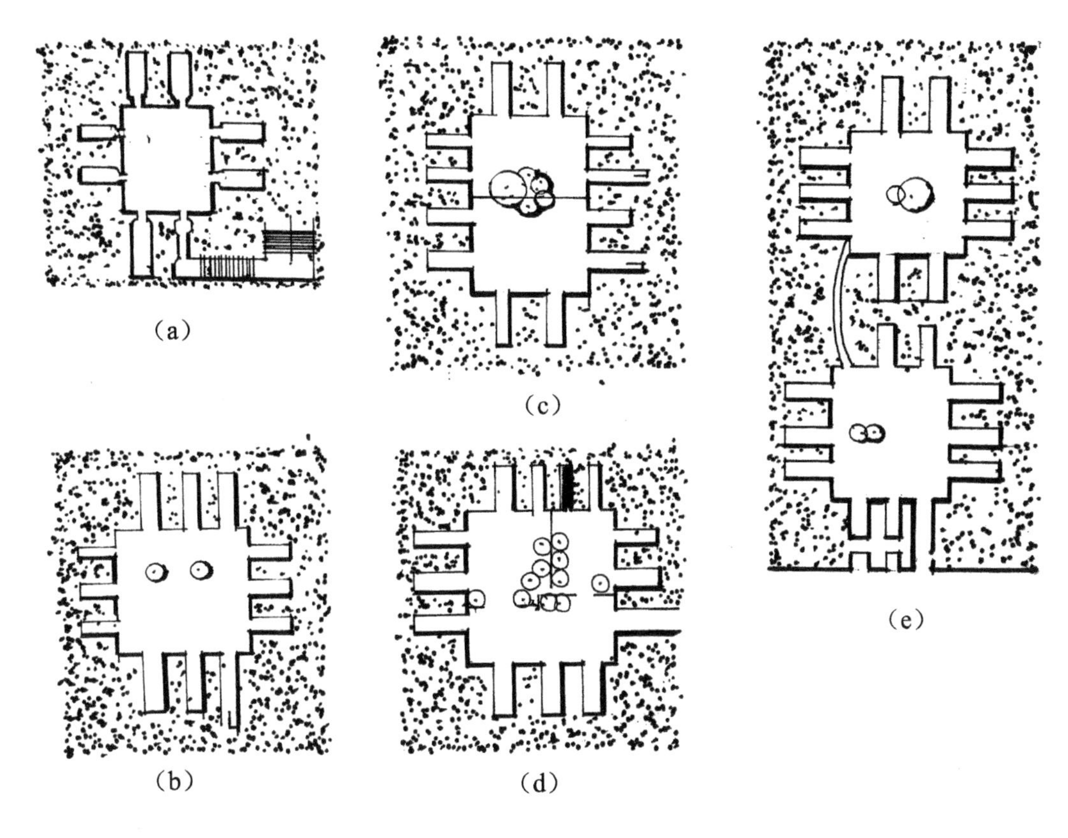

图4-10　下沉式窑洞平面布置形式

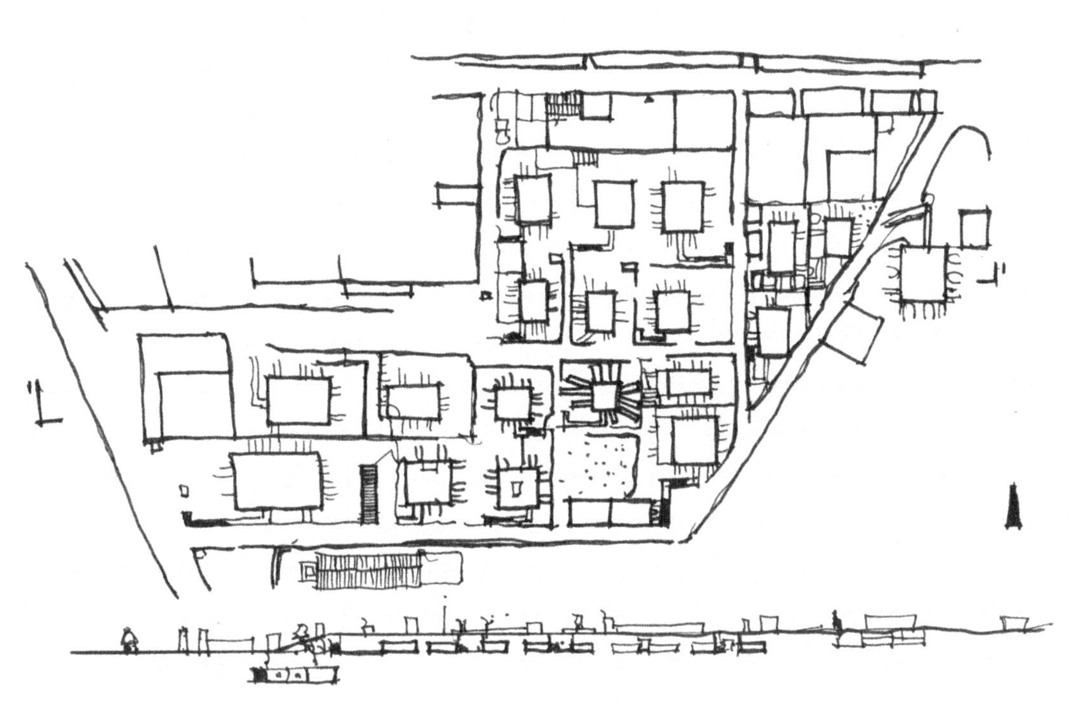

图4-11　西村镇下沉式窑洞布置

图4-12　全国政协礼堂屋顶花园

三、地坑窑院及房屋布局

下沉式窑院更被国内外人士誉为中国北方的“地下四合院”，在四面窑洞中，“正房”处于北面，“门房”处于南面，东西各有“厢房”数间。为防冬季西北风，“正房”由长辈居住，其余各房用于晚辈居住、饲养牲口、存放谷物、堆积杂草、放置农具等，具体的用途由各家自行安排。根据当地居民的讲述，在厚厚黄土层下的窑洞内吸热和散热过程都非常缓慢，冬季常温在10℃以上，是不需要生炉取暖的；夏季根本不用安装空调，室内温度基本保持在20℃左右。住人的窑洞内，火炕和灶台建造在左边，桌子、柜子被放在右边，窑门的边侧有一扇1平方米的格子窗。因为室内采光和通风仅依靠窑门和较小的窑窗，因此会让人们有种阴暗、潮湿的感觉，窑洞就成为“绿色环保、冬暖夏凉”与“通风不畅、阴暗潮湿”的矛盾共存体了。

在平地上向下挖成方形或者长方形院落，然后四壁挖窑洞，这种窑称为“天井院”，也可以在台地中央挖天井院。天井院一般能挖窑洞7～11孔，大大增加了居住面积；因在地面以下挖院，所以排水除了挖洞导出之外，主要是挖渗坑贮存雨水，使之慢慢渗入地下。

类似于地上的合院式建筑，房间分为正房、厢房、倒座三种，按照功能布局。

一般来说，下沉式窑洞的两个长边壁上要各开挖三孔窑洞，两个短边壁上各开挖两孔窑洞。

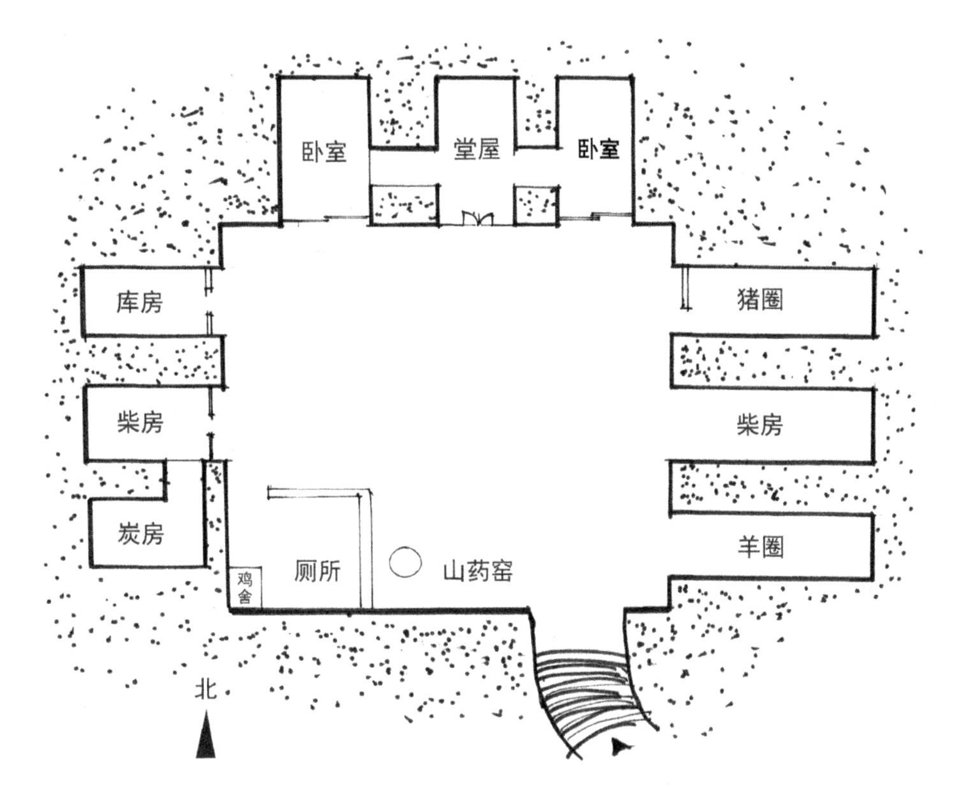

图4-13　下沉式窑洞（地坑院）平面示意图

下沉式窑洞的院落平面大多为接近正方形的长方形（图4-13），但是也有不少院落是“凹”字形的。

（一）入口

在“门房”边会挖出一条连接地面的弯曲坡道，称之为“甬道”，俗称“洞子坡”，由斜面和台阶共同组成。经济条件好的人家为方便生活和显示地位，通常会采用砖石来修砌、装饰坡道。坡道的位置是很有讲究的，必须面对“正房”。

1. 按坡道或台阶分类

下沉式窑洞位于地底，所以必定会有一口设成门洞，经坡道或台阶通往地上。下沉式窑洞入口按坡道或台阶大致可分为直通式、通道式、斜坡式和台阶式四种形式。

2. 按方向分类

窑洞入口的方向，由环境和风水两个因素决定。环境主要是指附近的地形，以及要离主要道路近，方便出入。入口方向主要有“一”字（直进）型、“L”（曲尺）型、“U”（折返）型和“之”（雁行）型四种形式（图4-14）。其中“一”字型是最常见的入口方式。当窑院周围的环境不允许或者是风水原因不适宜安排“一”字型入口时，其他三种形式就会被采用。

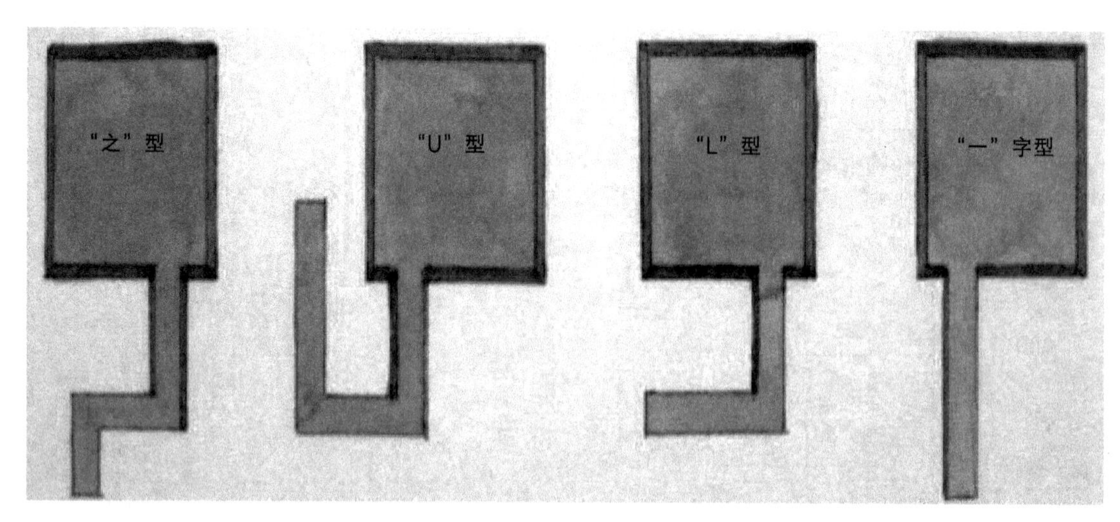

图4-14　下沉式窑洞入口平面形式图

3. 按通道类型分类

下沉式窑院的入口按通道类型可分为两类。

（1）隧道式的甬道型：能够保持窑院的方整，入口坚固。

（2）露天的沟道型：入口的坡道或踏步完全露天，不仅破坏了院落的方整，而且使院落的大门显得单薄和不私密。

（二）台阶与院落的关系

下沉式窑洞入口台阶与院落的关系有院内型、跨院型和院外型三种形式（图4-15）。

（1）院外型：这是最常见的一种下沉式窑院形制，出入口台阶全部在院外，院落方整，但占用了外面的土地。常见于经济条件较好的豫西、晋南等地。

（2）跨院型：出入口的台阶一半在院内，一半在院外，破坏了院落的方整感觉，主要出现在陇东和渭北地区。

（3）院内型：出入口的台阶全部在院内，占用了院内很大部分面积。

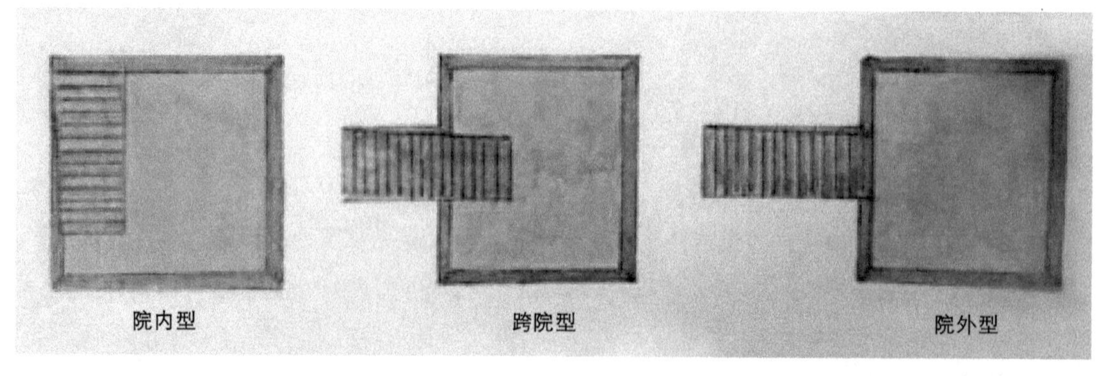

图4-15　台阶与院落的关系示意图

（三）窑顶处理

窑洞顶部的形状有三种：平顶、尖顶和圆顶（半圆形）。平顶由于上部压力大，故采用者极少，只限于个别小窑洞使用。尖顶对上部压力分配不均，抗压性能也不够理想。最佳的窑洞顶部形状为圆顶，可将上部压力均匀地分配给左右窑腿，因此被广泛采用。

为了增加使用寿命，有的人用砖或石头将窑腿加固，俗称“戗窑腿”。如果经济条件许可，还可用砖或石头将窑洞全部券砌，俗称“暗券窑”。也有的将土全部挖开（大揭顶），将窑洞券砌好后再用土封起来，俗称“明券窑”。

（1）窑洞的周围、顶部要先找平，然后再用石磙将其碾平压光。

（2）窑顶不得种植任何作物，防止渗水而导致窑洞坍塌。

（3）部分地区，在窑院周围的壁面上砌筑矮的女儿墙，可以防止坍塌、雨水渗漏、行人摔落等。

（四）下沉式窑洞保护措施之雨水处理和排水问题

下沉式窑洞对于雨水处理和排水问题有三种方式。

（1）女儿墙。

（2）入口处比平地稍高。

（3）院落内的渗井，位于院落的西南角，深十几米。

为了保护窑洞，防止因为雨水冲刷而造成的危险，在坑沿四周均会用红砖砌筑一圈矮墙用来防护，起到防风挡雨、牢固黄土的作用。而院内则会采取“挖坑、打洞、种树”的方式进行排水，这是地坑窑在地下挖建的特殊形式所应该解决的问题。对于排水的问题，一般靠近山沟的地坑窑主要利用地形落差的天然优势，采取挖洞流出的方法；除此之外的大部分地坑窑主要采取在院中央挖“渗坑”的方式解决排水问题；也有部分窑洞住户同时采用这两种方式来解决排水问题。为了防止雨水和渗入地下的水再蒸发出去，院内常常栽种一两棵大树。“渗坑”的作用是承接雨水并使其慢慢地渗入地下。如果接连下起暴雨，地坑窑特别容易积水成灾，尤其是以地坑窑为主的村落，如果有一家出现自然灾害，很有可能会殃及周边其他住户。在巩义历史上，曾经的窑居人清晰地记得，1975年7月15日连降暴雨，“渗坑”达到超负荷地工作，来不及渗水，致使院内积水严重，成为一个个小的蓄水池。个别村庄在生产队的带领下，抬着柴油机和水泵挨家挨户抽水，这才化险为夷。然而也有不幸的村庄，喂庄村造成7家地坑窑连片坍塌，所幸的是无人伤亡。而相比之下，蔡庄村却不那么幸运，洪水顺门坡而下，灌入三个地坑窑，死伤数人，惨不忍睹。可见，地坑窑有其优势，也有其不容忽视的弊端。因此，我们在学习、研究窑洞建筑时，必须要传承优秀的窑洞艺术，同时也需要通过现代科技解决历史上传统窑洞所面临的迫切问题。

（五）民居中佼佼者的优势

天井院之所以能在黄土高原一带久盛不衰，成为民居中的佼佼者，主要取决于其自身的优势。

（1）开挖容易，人人会干。挖天井院全是“土工活儿”，只要有力气，能把土运上来就行，不像盖房，需购置砖瓦、木材、钢材、水泥、白灰，还要请匠工帮忙。如西村镇罗口村第六村民组的闫松木（已去世），新中国成立后分到了土地，就是缺住房。若盖房，家中老的老、小的小，实在拿不出钱，于是决定下窑坑（即挖天井院）。挖天井院最快捷的办法是组织几个人，分工协作，用辘轳把土绞上来，但管吃管喝，也要花钱。闫松木掂量再三，最后一狠心，决定自己干。于是他白天下地干活，晚上一个人担土。他是个很有毅力的人，自己给自己规定，每天晚上的任务是100担。为了计算准确，每担上来一担，就在路口处放上一个小石子，完不成决不睡觉。就这样，集腋成裘，聚沙成塔，他硬是用自己的肩膀担成了一个方3丈（10米）的窑坑，挖成了5孔窑洞。虽然还有几孔半成品，但一家人总算有安身之处了。就这样，罗口村闫松木一人承担了整个窑坑之事不胫而走，被三里五乡的乡亲们传为美谈。

（2）使用寿命长，基本不需要维护、翻修。天井院挖好后，坚固耐用，基本无维护、翻修的烦恼。当然，有条件的人家也可以锦上添花，用砖或石头把窑门或四周墙壁包起来，称为“砖裱窑头”，既美观又延长寿命。只要不发生地震、灌水等大的自然灾害，基本可代代居住。在巩义地区，历经数百年仍可居住的天井院比比皆是。

（3）节省建筑材料。天井院与盖房相比，单位造价要低得多。它不需要钢材、水泥、砖瓦等建筑材料，只需少量木材（当然也可用其他材料代替）制作门窗即可。即使粉墙、券窑门，费用也不大，普通百姓均承受得起。

（4）节约能源。由于黄土层厚，其吸热和散热过程极其缓慢，所以窑洞内的温度，冬季在10℃以上，无须生炉子取暖；夏季则保持在20℃左右，不需要安装电扇或空调，因此被人们称为“天然的空调间”，节约了能源，克服了房屋“夏天像蒸笼，冬天冰窟窿”的弊端。

（5）可充分利用山坡地、沟地、荒地，节约耕地，提高土地利用率。天井院对土地无严格的要求，可靠坡或依沟而建，用挖出来的土填沟造地，扩大了院落的面积，使那些不毛之地重新派上用场。

（6）防火、防盗、防爆、防地震。黄土属于不燃物，即使一孔窑洞失火，也不会像房屋那样“城门失火，殃及池鱼”。天井院中，只有大门可供出入，闭之可高枕无忧。再加上数米之深，贼人很难进入，故安全系数高。天井院中窑洞之间有数米宽的间隔（俗称“窑腿”），窑又和大地紧密相连，普通的地震不容易对它形成威胁；大些的地震，也会“塌窑不塌垴儿”（即窑洞坍塌时后半部分不会倒塌），故可防爆、防震。

（7）防污染。天井院中的窑洞处于地面之下，人居住在其中，可减轻噪声的污染。院子里一般都栽种花草树木，亦可减轻空气的污染。这也是近年来人们希望回归自然、青睐“窑洞宾馆”的原因之一。

（六）不尽人意之处

《道德经》曰：“正复为奇，善复为妖。”这是说正常可能变为反常，善良又可变为妖孽，这是由事物的二重性决定的。天井院，既有长处，但也有不尽人意之处。

（1）水的出路难。天井院中水的出路，靠近山沟者可利用落差自动外排，其余的则依靠挖“渗坑”，使水慢慢渗入地下。如遇连降暴雨，易积水成灾，特别是天井院连片地区，由于鼠洞相通，一院出事，则会引起连锁反应。从古至今，排水一直是天井院的“老大难”，一到雨季，住户们总是提心吊胆。

（2）出入交通难。天井院距离地面有数米之深，住户的出入需通过几十级台阶，极不方便，对老、弱、病、残者尤甚。吃水（当时无自来水，全靠人力担水）、运粮、运粪、喂猪、搬运家具等都很费力。

（3）空气流通差。由于低于地平面，天井院中空气流通欠佳，所以湿度较大，特别是夏、秋两季。衣物、被褥需天天晾晒，否则就会令人极不舒服，并伴有发霉的气味。家具、衣被长期受潮，吸水率高，缩短了使用寿命，往往会造成无谓的浪费，粮食、食物霉变现象也在所难免。

（4）安全隐患大。天井院连片地区，往往对过往行人的安全构成威胁。过去农村中“掉窑坑”的事儿时有发生，更不用说因纠纷而“跳窑坑”的。特别是在夜里，能见度差，不熟悉地形者更易出事。

随着改革开放的逐步深入，农村变了，农民富了，观念更新了，人们对居住条件也有了更新、更高的追求。于是，天井院纷纷“光荣退休”，让位于现代化的新居、楼房、别墅。但在我国数千年的民居文化中，天井院的地位无可替代，天井院的功绩不可抹灭，它毕竟在历史上书写过厚重的一笔。

第三节　“普通平房民居中的覆土建筑”——独立式窑洞

随着社会的发展和科技水平的提高，以前受到地形限制的土窑洞逐步开始消失，改建成了无须靠山依崖的地上独立式窑洞。在窑洞民居各种类型中，这是比较特殊的一种，因为它实际上是一种在地面上砌筑的类似普通平房的房子，从外观来看，它最能显示窑洞民居特色的地方就是拱券式门窗。

独立式窑洞（图 4-16）是一种掩土的拱形房屋，有土坯拱窑洞，也有砖拱、石拱窑洞。这种窑洞无须靠山依崖，能自身独立，又不失窑洞的优点，仍然保留着窑洞的拱形房顶，后墙上也不做窗户，基本上不打地基，以土为建筑材料，可为单层，也可建成为楼。若上层也是箍窑即称“窑上窑”，若上层是木结构房屋则称“窑上房”。在地上用砖砌成一个窑洞式的房子，叫独立式窑洞，是窑洞中最高级的一种，也是建筑造价最高的一种，实际上就是现代建筑中的覆土建筑。独立式窑洞和挖的窑洞室内感觉是一样的，上面是拱券，后墙不开窗，但房前设檐廊，檐廊和窑洞的门窗是装饰的重点。

窑洞防火，防噪音，冬暖夏凉，既节省土地，又经济省工，确是因地制宜的完美建筑形式。

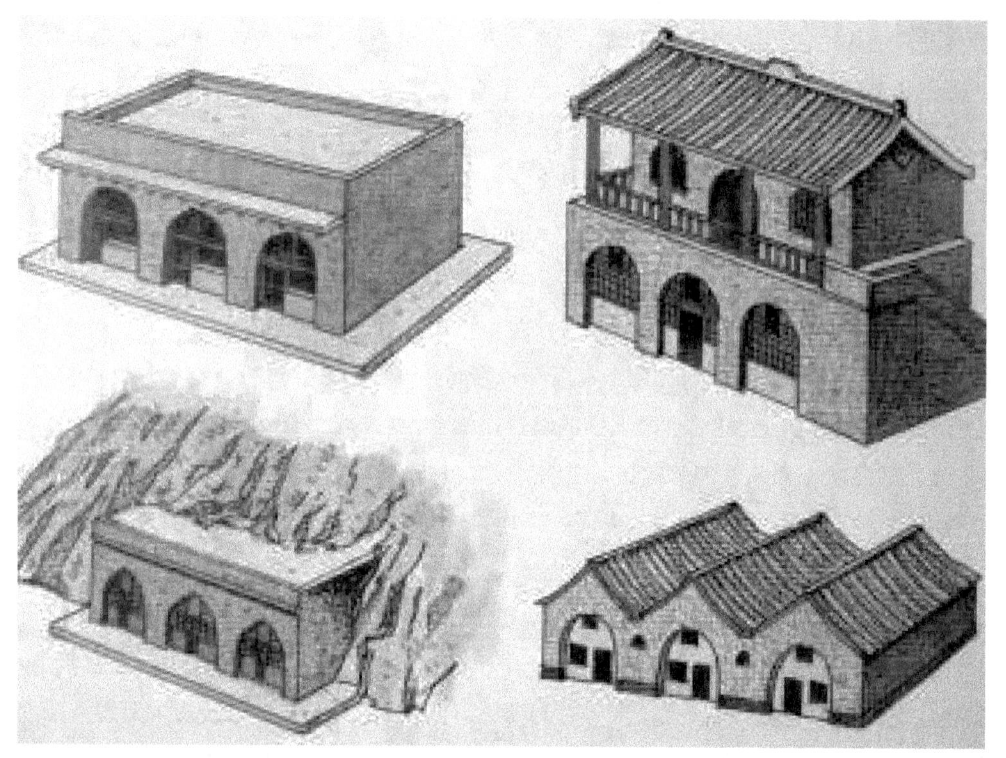

左上：普通的独立式窑洞
右上：两层楼并带屋顶的独立式窑洞（窑上窑）
左下：半依靠黄土坡的独立式窑洞
右下：几口窑并列，并带屋顶的独立式窑洞

图 4–16　独立式窑洞

独立式窑洞有青砖券窑和石块券窑两种券砌方式，有“四明头窑”“窑上窑”和“枕头窑”等多种形制。石券窑很少，只有山区的个别住户偶尔用石头券窑，且有明券和暗券两种形式。明券一般是在平地起鼓堆，至少是三孔或五孔窑洞同时进行，扎好基础，垒好直墙便同时起券，除了两边窑腮墙要加厚外，还要在窑腮偏上部位横穿钢筋增加拱券的坚固，拱顶券好后，还要填土砸顶，做成平顶。暗券是指券砌破损的土窑。先在原窑的基础上剃下一层老土，然后按照原来窑的形状用青砖镶嵌，特别是窑顶的拱券部分，先打了模子，然后用砖镶嵌，填实与土相间隔的部分。暗券比明券的难度要更大些，但凡经过券砌的窑洞都具有整洁、美观、坚固、耐用的优点。

北瑶湾村的“龙窑”是这种窑洞的典型代表，据说当年是为了接待光绪皇帝和慈禧太后的“龙舟”而建造的，古时候尊称其为“龙窑”。它依山券 5 孔大窑，全用方砖券砌，窑顶一覆一券，窑门两覆两券。中间 1 孔是最大的，窑门上雕刻游龙、牡丹，原计划停放皇帝乘用的龙舟；两边 4 孔窑门上雕刻凤凰、牡丹、蝙蝠等图案，原计划停放嫔妃乘用的凤舟。

独立式窑洞的特点如下。

（1）顶部为拱券形式，是一种利用拱券的形式而在平地上建起的掩土建筑，只有窑洞的前方设置窑脸，即门窗。

（2）除窑脸用木头作为材料以外，其他建筑结构部分仍是用土坯或砖石砌筑而成。

（3）以土坯、版筑或砖头砌成的窑洞，屋顶覆土，既保留了靠崖式窑洞节省木材、冬暖夏凉的优点，又具有建设地点灵活的特点。

（4）独立式窑洞是没有大梁的，而是以拱顶代替，因此掌握拱顶弧度这一门学问显得尤为重要。

第五章　巩义历史城镇及民居可持续发展策略研究

第一节　河南民居的价值内涵

从远古时代发展到现代文明的今天，窑洞建筑一直适应着人类生活的需要，并体现出了强大的生命力和诸多独有的优势，它营造合理、构筑巧妙、存在自然、居住和谐，从多方面体现了劳动人民的智慧，蕴含着丰富的生态思想和宝贵的建筑经验，具有长久的保存价值。对于黄土窑洞来说，它在很多方面具有绿色建筑的特征，如节约土地、节约建筑材料、减少环境污染等，对窑洞建筑的进一步研究具有重要的现实意义。对于仍属于经济欠发达地区的黄土高原地区而言，黄土窑洞的优化与再普及利用，可以让农村居民腾出财力加大教育和生产的投入，从而使黄土地区的整体发展得到更好的平衡与保证。从长远来看，黄土窑洞作为绿色环保的生土建筑，可以节约土地、节约能源，在解决黄土高原地区环境、能源、土地等一系列相关问题上具有明显的优势，从而对保持黄土高原地区整体生态的平衡和可持续发展皆具有重要意义。

黄土窑洞是最能体现窑洞优越性的一种形式，且在黄土高原的应用最为广泛。黄土窑洞易于开挖，造价低廉，冬暖夏凉，四季舒适，被称为“天然的空调”和“长生洞”，它融于自然环境，保护生态平衡，故又有“绿色居室”的美誉。黄土窑洞因其良好的居住环境及生土建筑的经济性、可持续发展性，长期以来受到黄土高原居民的喜爱。近些年，许多生土建筑学者对这一古老的民居形式进行了大量的调查和研究，概括起来，其意义主要表现在以下方面。

（1）黄土窑洞是生土建筑。

生土建筑就地取材，造价低廉，技术简单，保温与隔热性能优越。窑洞的热容量较大，在气温日差大及太阳辐射强烈的地区，热容量高的结构对于室内的热条件能够起到相当的调节作用，对于气候条件寒冷干燥的黄土高原来说，窑洞是适合于当地的，从而形成传统窑洞室内温度冬暖夏凉、相对湿度较恒定的特点，这也是造成其有益于人体的舒适感的平均辐射温度特点的重要因素。

（2）黄土窑洞可以缓解黄土高原地区的环境和能源等问题。

黄土窑洞冬暖夏凉，可以节约能源，并且减少污染物的排放。传统窑洞住宅的特点之一是节省大量烧砖的燃料，以土代砖，减少放射性物质侵害的作用，还具有外界污染少、安静、产生负离子条件

较好、生态平衡、维修面少、造价低、防震、防火、防风、隔声好、微气候稳定等优点。与一般地面建筑相比，窑洞在建造过程中不需要大量破坏当地的树木植被，没有外露建筑体，最大限度地与黄土大地融合在一起，充分地保持自然生态的环境面貌。

（3）黄土窑洞可以解决黄土高原地区的土地问题。

这几年随着西部大开发的不断深入，城市建筑、交通占用耕地的现象特别严重，而黄土窑洞可以很好地利用黄土高原自身的特点，在不占用耕地的情况下开发出居住空间。靠崖窑和天井窑都是名副其实的地下建筑，和一般地面建筑不同的是采用挖去天然材料以取得地下空间的减法方式，减法构筑实质上是以挖掘土方的劳力换取材料的消耗，显然这是对建筑材料的最大节约。

（4）黄土窑洞的优势还体现在它对居住者的保健作用上。

久居窑洞者患搔痒、疹子等皮肤病，支气管炎、哮喘等呼吸道疾病和风湿性心脏病较少。

一、河南民居的文化价值

河南省位于华夏文明核心的中原文化区，北宋以前是汉文化的中心区。中原人是汉民族文化的载体，勤劳简朴，崇尚礼仪，强调慎终追远，家族意识、民族意识强烈，注重与家族利益相关的一切文化现象。在中原人的社会体系组织中存在两种结构方式：一种是官式结构框架，它通过镇、乡、村等将体系建立起来并直接归属于封建统治者统治的国家组织结构中；另一种是民间的结构框架，它是通过家庭宗族的建立，包括人们的生活方式、习俗、方言、认同感等，使人们有了体系的概念。这两个方面在维系中原社会形态的共同作用过程中使其保持了稳定和完整。

这两种框架在社会中是一种并存的方式。前者是中原地区人们维持自我意识的观点与其他文化间的关系，后者则是中原文化综合特征存在的前提。在两种组织框架相互影响中，社会中最基础的单位就是由家庭组成的，家庭在社会生活中是婚姻和经济会的基础单位，而家族制度的兴起直接影响到人类居住建筑的建筑现制，并产生相应的建筑伦理概念，这也是汉民族建筑思想的重要组成部分，即要求与其相应的居住建筑能体现家族成员的礼和秩序。

汉文化在古代村镇中主要体现的是以家庭组织为单位的结构形式，也就是说古镇的形态是通过家庭和宗族为基础建立起来的。例如，古镇上的民居形式都是以家族为单位的，每个院落基本上都是同个姓氏的聚居，如神垕镇大多数宅院都是以姓为院名，如温家院、苗家院、张家院等均是深宅大院，门第高大，是几进几出的四合院。古镇中具有祭祀性质的建筑处在古镇的中心，通过信仰将整个宗族团结起来，对封建秩序起到了维护的作用。

1. 河南民居是中原文化的载体

在古代，中原与中国、中州是同义语。从历史上看，中原文化精神和特定的历史水乳交融，是难以分离的。“中原文化”主要是指从远古时期到宋代这一时间段内形成的以汉文化为主导的地域文化，而明清以后的中原文化已逐渐边缘化了，所以，今天的中原文化，作为现代性的存在样式，是多种文化相互混杂形成的，这对河南现今的生存经验和文化建构或多或少地有一些影响，因此当代中原文化承载着文化构建的创新和复兴的意义。在地域文化中，中原文化成型于先秦时期并直接参与了中国文化核心价值观的创造。在中国文化的总体格局中，中原文化从史前文明直至宋时期均处于主导地位。河南省在北宋以前一直是全国政治、经济、军事、文化的中心，从中国历史上第一个奴隶制国家——夏王朝开始，经历了夏、商、周时期，逐渐兴盛和繁荣的时期——秦汉经魏晋南北朝到唐宋时期，这期间河南不仅是全国封建政治统治的中心地区，而且经济文化也占主导地位。至北宋时期，河南的经济文化发展达到鼎盛时期。可以说，中原文化自先秦时期儒、墨、道、法并兴，而后经历了秦汉时期的孔孟之学—魏晋南北朝的唯心与唯物之争—隋唐时期儒、佛、道的相互融合—宋明时期的漫长发展历程。

在历史上，经过了三次较大的民族融合才形成了如今的汉民族。第一次是从春秋战国时期，经过纷争，秦国建立统一了多民族的国家；第二次是在魏晋南北朝时期；第三次是在宋、辽、金、元时期。经过了这几次的民族大融合，最终将多民族的国家实现了统一，疆域和版图不断扩大，边疆少数民族的文化渗透到中原地区。历经这一过程，在中国古代，国家的政治制度与经济文化具有了融合多民族文化并以中原文化为主的特点，中原文化成为华夏文明的核心和象征，以儒家思想为中心的中原文化也成为当时中国文化的主要特征。在儒家思想的影响下，中原文化在汉文化中占据中心地位，并作为封建社会一切思想文化的准则。文化发展呈现出相互交流并从中心辐射出去的趋向，文化形态横向运动和扩散着，在文化上进行着碰撞、流通和容纳。随着历史上人口世代的迁移，以中原文化为中心的汉文化区由中原地区逐渐向南蔓延和转移，江南文化和岭南文化受到中原文化的传播和影响，其文化组成也在不断地发生变异。

“礼”是宗法和等级相结合的产物，中原文化以严格的等级制度为基础的政治制度和以血缘关系为基础的宗法制度的建构，是礼法在社会思想中的重要表现，道家“天道恒常，不偏不倚”的哲学和儒家“中于正，无过之而无不及”的思想都得到了充分的体现，通过充分发挥人的主观能动性创造出师法自然、尊重客观规律的和谐氛围。中原文化特色融入中国特色之中，成为中国文化的大背景。中原文化虽然是以北方文化为主流文化的，但豫南地区曾经是南方文化中楚国的疆域范围，地域文化的个性表现保留得较多，文化更多地呈现多元的状态。地域文化融合多元的文化特征，成为中原文化的特征，经过充分的文化融合，形成了内容丰富的中原文化。

2. 河南民居是传统礼制思想的体现

儒家思想把“礼”看作是一切行为最高的指导思想，目的是维护一套尊卑有序的社会秩序。它认为，人人若都遵守符合其身份和地位的行为规范，便达到了孔子所说的“君君臣臣父父子子”的境地，那么贵贱、尊卑、长幼、亲疏有别的理想社会秩序便可维持了，国家便可以长治久安了。出于封建统治的需要，对于建筑从形象到总体布局都有严格的要求，这是为了无处不在地体现着秩序的重要性，无论是高低贵贱、长幼有序、内外有别都要具体体现中国传统思想中非常重视的家庭伦理观念。一直以来农耕经济都在中国占据着主导地位，生产和生活更需要大家庭团结在一起共同生产、共创财

富、共克天灾、共抵外侮，需要集体的力量。而家族的团结兴盛与否就依赖于家族成员是否服从长辈的领导，服从统一的管理。在儒家教化的影响下，家庭中的家族成员之间必须讲究伦理观念，划分出明显的尊卑，日常生活行为皆受儒家思想礼教伦理道德及宗法观念的规定和制约。从奴隶制社会的周代起，居住建筑就体现出了物质和文化功能合体，在建筑中体现了礼制思想，要求建筑居住形式能反映出尊卑、长幼、男女、内外的区别。"礼"的思想意识在古代建筑中处处有所体现，从帝王皇宫到百姓宅院，建筑的形式、布局、造型都体现着"礼制"的思想。如《考工记》中提出的城市布局，也是出于礼制的考虑，是礼制建筑的代表。从河南地域建筑、园林发展也可以看出，其既含有对青铜时代造型意志的继承和发展，又反对过于人工化的封闭性和与自然的分离。河南地域民居建筑一直是在儒教和道教相互玄妙的抗争与结合的基础上发展的。

在中国的传统建筑思想中伦理是体现秩序和礼制的基本内容。它要求建筑能充分表现中国传统的儒家思想伦理，以门堂制为特征的合院式住宅布局成为中国传统居住建筑的典型形式，也体现了中国家庭的伦理道德。中国传统的家庭一般为三世、四世甚至五世同堂。传统建筑群中内部各元素之间的相互关系，是由君君臣臣父父子子的礼制要求决定的。在一个传统居住建筑中，有对应不同等级的规定相应的建筑，其规制、体量、方位和装饰都是伦理规范和秩序的具体体现。明确主从区别后，以"院"作为基本单位，串联起来的"院"组成"路"，然后由有主次、有层次的路构成整体的"群"。其中，"院"这个建筑群的基本单元的形成也是礼制制度作用的结果：建筑平面布局制度的"门堂之制"是《三礼图》的重要内容，"门堂分立"出于内外、上下、宾主有别的"礼"的精神，经过"礼"的理论解释之后固定下来，成为一种院落制度。每一进院子是一个建筑的组群，进入的门则是这个族群的开始，进入下一个族群的门则是上一个族群的结束。所有的建筑平面，基本都可以归纳为"门""堂""廊"三个组成部分，缺一不可。通过建筑布局实现"礼"制的要求，并对其使用者等级进行定位的做法，使中轴对称的院落形制成为高等级的传统建筑的选择。

二、河南民居的审美价值

居住建筑在人们的生活中与人的关系最为密切。在河南传统民居建筑中，传统的四合院和窑洞都包含美学的深刻含义。

一般认为传统居住建筑以四合院住宅为代表，形态特征以单体间围绕内院布局，呈现出自然内引，达到力的平衡的自然关系，其美学内涵体现了社会生活的"法"与"礼"。这种认识仅从传统宗法社会的角度来认识，具有一定的片面性。因为传统民居建筑承载着中国人太多的人生期盼和生活梦想。它的美学内涵和价值亦是多方面的，其中也有中国美学精神的体现。中国传统合院形制住宅，从某种意义上讲符合中国人最早的"天圆地方"一说。而居住空间的方形院落与"地方"解释和附会人们对居住空间的理想模型。民居中庭院的和谐环境秩序体现了"天人合一"的观念。

"天人合一"思想是中国古代文化的重要基石之一，其思想的根本含义是人类与自然的协调、统一。"天人合一"思想强调人与自然的和谐相处，认为人与自然不是截然分离的对立物，人的存在与自然的存在是互为包含的；天地万物与人同类相通，形成一个和谐统一的宇宙整体。这种思想在中国古代表现为追求人与自然的统一，人的精神、行为与外在自然的一致，自我身心的平衡与自然环境平衡的统一，以及由于这些统一而达到的天道与人道的统一，从而实现了完满和谐的精神追求。“天人合一”作为一种人生观与美学思想，主要表现在融入自然、欣赏自然、在自然中达到忘我的境界。而“天人合一”的美学思想体现在河南传统民居建筑与自然环境和谐共处的聚落形态上，创造出了一个又一个秀丽动人的乡村环境风貌；“天人合一”的思想体现在中国广阔的黄土高原上，营造出了一个个融于自然的窑洞聚落环境。传统的河南窑洞民居建筑就是“天人合一”思想的最佳物质载体与外在表现，要推动传统民居新时代的发展应充分保留和传承“天人合一”思想。

三、河南民居的文化特色

概括河南的社会文化特色是困难的，因为中原文化已经融入华夏文化的精神之中。经过多次民族融合，中国广大疆域的各种地域文化也在微调中发展，由于统治阶级最终选择了以儒家文化为核心的中原文化为其统治服务，所以中原文化更多地处在了强势地位，表现为华夏文化的主体。虽然地域文化的很多方面在融合的过程中已经成为中原文化体系的一部分，但是地域文化并没有消失，在这些文化诞生地区与中原地区交汇的地带，文化呈现出多元的状态。其表现在传统建筑上，建筑的选址、布局、构造方式、审美意向等都与中原文化的核心地区有一定的差异。传统建筑的地域特点与地区的文化特色息息相关，其表现出的文化认同性，凝聚着几代甚至几十代人的情感和记忆，是地域社会心理的寄托和归宿。

传统民居的意境是由诸多因素融合而成的。传统居住建筑空间存在着有形和无形两种空间形式，有的空间能够被触及，也有的空间是容纳人们的感觉心灵。老子哲学中有无相生、虚实结合的思想对传统居住建筑中出现的轴线、尊卑、隐喻等元素都有着极大的影响。传统居住建筑不仅具有使用功能，同时还承载着人们的精神寄托。这种虚与实相互结合之美，是传统居住建筑意境的表达。古代人们充分地发挥聪明才智，利用了可以利用的资源和精神因素，创造出了充满生机和意境的居住空间。

河南民居建筑的艺术价值主要指的是建筑本身所表现的艺术性。河南民居的技术是建立在秩序协调形式美学法则上的，它反映了河南建筑的造型的技术来源。河南民居中的文化，主要是指对建筑产生的情感、情绪、心理意志、精神等相关的非理性成分，它是通过对建筑艺术的空间形式和环境氛围，借助人的感知、联想所产生的某种感情信息。用建筑的语言不断地向人们诉说着历史时代中的人们的审美取向、建筑的建造风格、建筑的艺术魅力是河南民居建筑的艺术价值之所在。

四、河南民居的环保价值

如果窑洞的建造地点选得好，那么它比一般砖房的寿命要长得多，一般经历上百年也不会倒塌；但是如果建造地点的土质不好，一旦出现裂缝，下雨天雨水渗入，就很可能毫无预兆地倒塌，甚至危

及生命。所以窑洞一旦出现裂缝，人们就会用土坯封窑，不再居住，以免发生危险。当然，窑洞倒塌这种事故并不经常发生，只是偶尔会有听说而已。居住窑洞，无论隔音、隔热还是保温，效果都比其他形式的民居要好。据抽样统计，在同等生活条件下，居住窑洞的人要比居住普通平房的人平均寿命长6年，难怪窑洞素有“神仙洞”的美誉。

随着社会的发展，全球人类的住区形态正经历着一个城镇化的过程。在这个加速增长的过程中，人与自然、人与社会之间的关系已经出现了某些失调的现象。比如，在人们期望新的文明社会到来时，发现人类社会赖以生存和发展的基础发生了动摇，有限的、不可再生的自然资源逐渐耗尽，区域生态环境发生变异，乃至出现全球性的气候反常、臭氧空洞、海平面升高及沙漠化效应等。在常规能源、自然资源逐渐耗竭的形式下，为了使人与自然和谐发展，节约能源，更有效地利用资源和保护环境，我国提出了大力发展“节能省地型住宅和公共建筑”，主要是提倡节能、节地、节水、节材和环境保护，一定要坚持以人为本，坚持可持续发展。

非物质文化遗产的保护正逐渐受到社会的重视。窑居住区作为农民聚居的空间场所，也是农村文化的聚集场所，在规划和建设中要注意营造住区文化氛围，培育农民健康高尚的情操，注意与地域自然环境的结合及传承和发扬地方历史文化，是我国丰富建筑文化遗产的一部分。

黄土高原地区的窑洞建筑具有显著的生态意义。中国窑洞是材料最少、建造最简、历史最长、迄今仍有几千万人居住的掩土建筑，主要集中在陇东、陕北、豫西、晋中南、冀北等地区。地下空间具有良好的热稳定性的特点，在窑洞建筑中同样表现出来，使窑洞内部环境受外界气候变化的影响较小，冬暖夏凉，因此窑洞具有节约资源和能源的特点。但是，传统窑洞同时也存在室内夏季潮湿、采光不足、通风不畅等缺陷，再加上全球化与现代化潮流的冲击，因此，窑洞这种古老的居住建筑形式正面临着严峻的挑战。越来越多的年轻人更愿意追求现代化的生活方式，传统窑洞居住人群越来越老龄化。

窑洞建筑一直被认为是有着冬暖夏凉特性的建筑形式，这其中的原理被很多学者所关注。有些学者把窑洞作为浅埋隧道的一种特殊形式来研究，认为地表温度变化与时间为正弦函数关系。窑顶一般会有3米左右的覆土厚度，在夏天，当地表温度达到最大值时，这个温度向下传递时就会因地下与地表存在一个相位差和振幅的衰减，时间上就会相对滞后，窑洞室内的温度相对于地表会比较低；同样的道理，冬天窑洞室内温度会比地表温度高。窑洞建筑利用土壤传热较慢这一特性，在节地的基础上又节能。

黄土窑洞的建筑材料就是黄土体，其热阻值和热惰性都比较大，跟砖砌体做比较可以得到，黄土窑洞的热阻大约是砖砌体的8倍，热惰性大约是砖砌体的13.5倍，其热阻值和热惰性大大超过了砖砌体的围护结构。围护墙体的热阻越大，在相同的时间内穿过墙体的热量越小，结构的保温隔热性越好；热惰性的取值越大，周期性温度波在其内部的衰减越快，围护结构的热稳定性越好。这也是黄土窑洞内部出现冬暖夏凉的原因。

第二节　巩义传统窑洞民居存在的问题

为了发展经济，人们盲目地开采各种资源，造成了自然资源的巨大破坏和浪费，使黄土高原地区原本脆弱的生态环境变得更加恶劣。今天，步入传统窑居聚落，给人印象最深的并不是经济增长带来的勃勃生机，而是光秃秃的山坡、干枯的河流、挂满白色垃圾的枯枝、漫天飞扬的黄土以及粗陋的建筑形式。在当今社会，村落已不再都是工业社会前所呈现的种种田园牧歌般的景象。村落在许多方面正在发生巨大的变化，它们存在许多问题，但同时也呈现出一种机遇和挑战，或许这预示着一个更美好的村落文化的复兴时代的到来。

表 5-1 对“弃窑建房”现象认同度的调研及更新意向表主要在巩义市河洛镇及西村镇进行调查，调查结果如下所示。

表 5-1　对“弃窑建房”现象认同度的调研及更新意向表

问题	问题内容	0～18 岁（32 人）		18～35 岁（27 人）		35～50 岁（43 人）		50～70 岁（54 人）		70 岁以上（24 人）		总人数（180 人）	
		人数	比例	人数	比例	人数	比例	人数	比例	人数	比例	人数	比例
对弃窑建房的看法	想要废窑建房	23	72%	21	79%	24	55%	8	15%	0	0%	79	44%
	建房但保留窑洞	11	35%	5	19%	12	27%	17	31%	5	19%	50	28%
	坚持住窑洞	0	0%	5	2%	8	18%	30	54%	19	81%	62	34%
对窑洞发展应采取的措施（多选）	政府合理规划	20	62%	22	83%	41	95%	45	83%	22	92%	150	83%
	基础设施建设	29	90%	24	90%	39	91%	42	77%	14	58%	148	82%
	开放窑洞的旅游经济发展	29	90%	25	93%	37	86%	48	88%	18	77%	157	87%
	对窑洞及周边环境保护	10	32%	5	17%	5	11%	11	21%	5	19%	36	20%
	其他	0	0%	2	7%	4	9%	3	6%	0	0%	9	5%

巩义窑洞和其他地区窑洞存在的问题有相同的部分，也有不同的部分。首先，黄土窑洞以黄土体为建筑材料，直接暴露于大自然，很容易受到外界环境的影响。受此影响，黄土窑洞病害类型多样，窑毁人亡的灾害也频繁发生。时至今日，窑洞的一些较轻的灾害形式，比如影响窑面及窑内观感的灾

害类型尚未得到关注，难以满足目前的居住要求。基于此，对黄土窑洞灾害进行全面的调查分析，明确窑洞灾害类型及成因，对保护窑洞居民的生命财产安全是有现实意义的，也有利于黄土窑洞这一传统民居建筑形式的保护和推广。

窑洞的主要灾害分为以下几类。

（1）窑脸碎落。窑脸是黄土窑洞所在的黄土崖崖面。土窑的窑脸有些没有防护措施，经过雨水长期冲刷，窑脸极易发生土层剥落，特别是在阳光照射不充足的阴坡面更加严重。窑脸若有古土壤层出露，由于古土壤层易于风化，多发生碎落病害，形成窑脸凹槽。古土壤风化碎落对窑洞居民易形成安全隐患。而砖窑和石窑的窑脸有窑檐做保护，故窑脸的破坏要比土窑小。

（2）窑室冒顶。目前窑洞建造基本上属于乱挖乱建，缺乏建造规程。有些窑洞跨度过大或拱圈比例失衡，拱顶部位出现过大拉应力，导致冒顶病害发生。有些窑洞洞顶进入古土壤层，古土壤层风化碎落也导致冒顶发生。对于开口窑洞，干旱环境使黄土节理张开，破坏了窑洞拱圈的整体性，也容易导致冒顶现象发生。

（3）裂缝。窑洞内部常见的一种破坏形式就是裂缝。通常裂缝出现在窑洞拱顶处或窑洞内壁上，主要有拱顶受到土体压力引起的深裂缝和热胀冷缩引起的浅裂缝。裂缝的存在会降低窑洞的安全性，特别是窑顶裂缝降低了窑洞前部保护层厚度，从而降低了窑洞抵抗自然危害的能力，常常进一步导致窑洞前部垮塌。

（4）坍塌。一种表现形式是黄土崖边坡失稳滑动导致窑洞整体毁坏。在人工大土方削坡地带、土崖高度过大地带、古滑坡或填方地带，此类窑洞灾害比较常见，多发生在雨季。另一种多发生于窑洞土崖高度较小、窑洞顶部保护层厚度较小的情况，大多是由山体滑坡和降雨引起的。在雨水浸润下，窑洞顶部黄土层增湿，强度降低，难以保持窑拱土体的整体稳定性，导致窑拱失稳和窑洞整体坍塌。一般边垮窑洞易发生窑顶整体坍塌，随即造成中间窑洞裂缝或坍塌。

（5）窑内渗水。由于黄土层中存在节理和植物根孔，雨水沿节理和根孔渗入窑洞，直接影响窑洞的安全和居住环境。调查发现，窑内渗水的情况各不相同，但是都有一个共同的特点：窑内的渗水区域分片出现，窑洞的上覆土层厚度一般都小于3米。这说明了水流是沿某些薄弱面局部渗透而下，而不是整个窑内大面积同时渗水。

建筑单体现代化演变也是很重要的影响因素。一种乡土建筑从原生走到现代，是一个从低级走向高级的演进发展过程，其有形的空间总是忠实地体现一系列无形控制因素的作用变化，如果这一系列无形控制因素的变化是历史的必然，那乡土建筑的演变也不可逆转。一系列无形控制因素，即乡村社会、经济、文化与技术的大环境复合因子。新功能、新空间形态、新材料、新技术和新的建造模式的产生、演变和发展都是不以人的意志为转移的，大势所趋。

一、社会变迁

交通发展、产业结构的变化以及大众媒体信息的涌入，这些外在条件都促使农民接受并应用新思想、新技术，致使农民的生产、生活方式产生变革。农民的居住价值观念发生改变，农村的家庭结构解体，人际关系和交往方式由内向外突破，再加上人口的急剧增长、经济的发展、民居结构和技术的更新，最终萌发了农村居住模式的变迁。人们已经不再以“吃饱穿暖喝足”为生活目的，而希望能有一个更卫生、更方便、更舒适的居住之所。这些变化反映在新民居中表现为居住基本要求的增加：如生活用水；生活用电；更舒适、更方便的家用设备；更合理的平面结构，有的已采用二层或者三层楼房。

随着聚落选址的变迁，为了充分利用与合理分配与道路相邻的界面，沿车行道布置的农村住宅更接近城镇住宅的形式，舍弃了一明两暗三开间的传统农宅布局，单开间、两开间房屋成为主要的住宅模式。由于是偶数开间，两开间的农宅堂屋偏于一侧，堂屋居中的传统平面布局被改变，整个房屋的内部格局得以更新，外观随之变化。

二、家庭结构变迁

农村传统家庭结构庞大，祖孙几代同堂，各成员之间的交流疏密不等，而且家庭内部分工明确，家庭成员的职责各不相同，奉行“长幼有序，男尊女卑”的尊卑界限。当今社会下的农村家庭结构已经发生了很大的变化。家庭户规模的大幅缩小，反映了随着经济社会的发展，农村家庭户规模向小型化、核心化发展的趋势。

这种变化自然也反映在建筑的布局上，传统民居的合院式是以不同的组合适应了庞大的家庭结构，适应了大家庭共同生活的方式，它既提供了一个家庭共同活动的理想场所，又为各个小家庭的独立提供了可能性。而现代新建的农村民居与老民居相比，建筑的规模大大减少，多为一进两层或一进一层，大家庭解体，家庭人口减少，使得建筑布局结构简化。

三、材料与技术的更新

材料的更新，不仅使得房屋质量得到提升，而且极大地改善了农村居住的卫生条件。随着经济的发展，材料更新的大体趋势由廉价趋于贵重，由本土趋于现代，由临时趋于正式；砖木替代土木结构，砖混替代砖木。

在这个急剧变化的转型过程中，传统的建筑材料被淘汰，长时间沉淀积累的材料加工方式，构造、施工经验不再适用。尽管材料的质量和性能在改善，但在我国农村现有施工技术条件下，新材料因地制宜、简洁高效的处理经验尚未形成，对乡村面貌产生了一些负面影响。我们在参与农村建设时，应正视材料更替的合理性，进而在农村当前施工组织、施工技艺的限定条件下，结合新材料的性能特征，探讨新的构造方式。

四、能源结构的变化

经济与技术条件的改变，引发农村能源利用结构的变化，其中生活能源消费结构的变化对农村住宅形式的影响很大。笔者在调研中发现传统的厨灶要么与炕床连接在一起，要么就独立设在檐廊下或院子里，或者是设在明间，燃料以薪柴、秸秆、稻草为主。房屋两端的山墙或偏屋须建有0.8米左右

的屋檐用来保护堆放的柴草。近年来，煤、燃气、灌装煤气、沼气的使用日渐普遍，燃料的变化、灶具的改善使得厨房空间紧凑、体量小，更新了房屋布局、尺度的变化。

五、设备设施的变化

20世纪80年代中期，农村住宅开始通电，一些小型家电进入农家，窑洞空间狭小、阴暗，放置完家电设备后空间所剩无几了。20世纪90年代中期，房屋由单层发展为两层，楼梯的布局对建筑平面形式产生了较明显的影响；生活习惯与卫生习惯改善，室内卫生间、盥洗设备开始引入农村家庭；给水设施出现变化，机井、水塔、室内的给水管线的布局也同样影响着房屋的设计。机械化打深水井，利用潜水泵取水，使人们摆脱了沟下水源的束缚，有条件的开始在黄土高原上平地建房。

以上这些要素变化共同推动了聚落以及单体形式的演进。这些要素并不是单独推动演变的，而是相互关联、制约、影响，使农村住宅动态地适应自然、社会、经济环境的变化。尽管材料、设备不断更新，但农村住宅的建设组织方式基本不变，仍然在以家庭为核心，以血缘、地缘为纽带的互助系统中展开。相互独立，不受特定指令的约束，以家庭为基本决策单元的建设组织模式，使建造的经验在短期之内得以积累、调整，使得农村住宅的群落获得新的地域共性。

第三节　巩义窑洞民居继承和保护的原则

河南省历史文化底蕴深厚，现存大量的自然和文化遗产，随着我国旅游业的迅速发展，对历史建筑保护与开发提出了更高、更新的要求。目前，如何在保护的基础上做好历史文化景观的再创造是历史建筑面临的一个现实问题。历史建筑及历史文化景观所承载的独特的文化印迹，在未来新的建设发展中尤其要注意保护和利用。通过对不同类型历史文化景观资源个性与共性、文化传承与设计创新、全球化与地域性、物质文化与非物质文化等方面的分析，探讨历史建筑和历史文化景观的内涵、属性以及面临的挑战，进而从建筑、规划、景观的角度提出保护和再创造的方法与建议。

一、保护与开发

河南现存的传统民居建筑异常丰富，现存古建筑多达1000余处，具有时间上的连续性、类型上的多样性、技术上的先进性以及独特性、艺术性等特色。具体而言，从石器时代的人类聚落遗址和早期城址以及东汉以后到清代的地面建筑连续不断，聚落、堡寨、古都、水城、窑洞、古村镇、园林等类型多具有重要的建筑、文物和文化价值。河南地域建筑具有历史性、独特性和典型性。在传统民居建筑方面还有历史文化名镇神垕镇、河南鸡公山近代别墅建筑、巩义康百万庄园、河南晋商会馆、开封尉氏刘家宅院、安阳马丕瑶府第、河南卫辉小店河传统民居、豫西窑洞民居等一大批优秀传统民居建筑群。

随着人类对越来越先进的生产力的掌握，人类对环境的破坏程度也在迅速增长。人们逐渐认识到这一问题的严重性，开始采取越来越积极主动的方式来解决这一问题。文物建筑保护是人类这一行动的一个重要的组成部分。我国是一个古老的历史文明古国，古代文明一以贯之，从未中断过。绵延久远的五千年文明发展历史，给我们留下了丰富多样的文物建筑，这既是我国一笔不可多得的历史财富，也是世界文明宝库中的一枝奇葩。由于过去人们对文物建筑所蕴含的历史文化价值重视不够，不少老房子遭到了破坏。随着我国经济的高速增长，“旧城改造”“旧房更新”速度加快，在一定程度上又加剧了老房子的消失，其中不乏具有文物价值的建筑。要想扭转这种局面，就应该让更多的人了解文物建筑的价值和作用。今时今日，我国的社会发展已进入了更多地强调环境和质量的新时期，而经济全球化背景下的科技进步和社会转型又使得城市建设面临着更加复杂多变的发展环境，这就要求我们在城市建设的理念和方式上进行不断创新，特别是建筑的发展要能够突出地域文化特色，具有鲜明的个性。设计者应根据地域的地理环境、人文景观、历史文化和民俗风情来对河南民居建筑进行整体规划，从而凸显其特色和个性。

二、可持续的开发和保护原则

我国的《文物保护法》中明确规定了“保护为主、抢救第一、合理利用、加强管理”的十六字方针。实际上文物保护的目的就是为了更好地利用，也就是让其发挥物质的、精神的或者文化的服务功能。作为文物建筑来说，目前更多的利用表现在旅游开发上。旅游的本身并非纯粹消遣娱乐，它在客观上是一种文化的学习与交流。

在具体的保护过程和实践中，对于不同的建筑类型应采取相应的措施，不应采取一刀切的方法。保护应是多层次的，应在对保护对象的属性、位置、价值、周边状况等详细调查和分析的基础上采用重点保护、一般保护、风貌协调保护、保留片段等方式。保护并不等同于简单被动地保存，它不仅仅是使旧的东西留存下来，更重要的是要注入新的生命，使之具有活力，从而让其周围的都市环境、居民生活方式、社会习俗按照历史应有的轨迹延续下去。

为了使新旧建筑协调共生，需对新建建筑进行布局、体量、色彩甚至用材等方面的控制。根据新建建筑的性质、位置、周围历史建筑分布状况等的不同，控制的严格程度也应不同。对新建筑的控制不是为了限制新的建设，而是对新的建设进行必要的引导，使得新建筑以合理的形态融入城市环境，达到与原有建筑或历史遗产的协调。所以，在保护规划的制定与实施过程中应注意：对历史建筑整体性保护，应综合考虑城区街道、胡同、地块、院落、建筑等各个层次的保护问题，坚持风貌保护的整体性；注重保护和改造的“居民参与”，通过政府引导、政府投入等措施，加大宣传力度，调动居民参与的积极性，让传统风貌的保护成为每一位居民的自觉行动；注重因地制宜保护，应充分考虑现状条件，采取合理的保护与控制结构；注重可持续发展，应坚持降低保护区人口密度，改善市政条件、提高绿化率，控制建筑密度，优化街区环境，从而增强老城的可持续发展能力。

从旅游开发的角度看，河南有着良好的条件：河南是中国的关键交通枢纽，是陇海线与京广线两大交通线的交汇，这种优越的地理位置和方便的交通条件更加密切了河南与全国各地的联系；河南在全国经济活动中具有承东启西、通南达北的重要作用；河南有着悠久的文化历史，如洛阳、开封、安阳等城市都是具有国家级历史文化名城的古都；河南既有丰富的人文旅游资源，也有大量的自然旅游景观；同时，与之相配套的宾馆业、餐饮业、商业等服务设施也比较齐全。作为重要的中国历史文化遗存的主要区域，需要对河南传统民居很好地加以保护，同时可以借助良好的外部环境进行合理的开发和利用。关于河南民居的开发利用，应该在保护规划时对于环境的整治、道路的疏通、基础服务设施的配备等在利于保护的同时也应有助于旅游开发利用。

为了更好地配合对传统民居的保护和开发，可以采取：对河南传统民居建筑旅游项目加大宣传力度；通过旅游、规划等部门进行路网的增设，考虑加强与周边景点的交通联系，从而拉近各旅游景区的距离，形成景区网络联盟，发挥集聚效应；发挥自身优势，将具有地域特点的历史文化特色融入旅游项目节目表演中，增加趣味性；还可以开发民间手工艺品、土特产等项目，促进旅游资源的充分利用；等等。

对于传统民居建筑，在有效保护的前提下，科学合理地进行开发利用是对传统民居保护工作更全面的认识，只有更好地发挥文物建筑的作用，才能使之得到更好的保护。在财政经费相对紧张的情况下，当地的文物管理部门应该多想办法，通过多种方式发掘自身的文化价值和利用价值，形成良性循环，最终使得这处历史文化遗产在成熟和规范的保护原则下进行健康、积极的可持续开发和利用。

三、可持续开发的意义

自然生态环境是发展民居建筑的必要条件，只有在人、建筑与生态环境之间建立更加和谐的关系，才能使生态环境得到优化，包括居住建筑在内的社会环境不致畸形发展。同时，时代的发展要求建筑本身从稳定的“凝固音乐”发展成为非稳定的、多变的、可流动的“活物”，对此人们做出了种种探索，从开敞空间、镜面玻璃、绿色植物的引入到人居环境空间的创造和发展，都未能真正地使建筑活起来。只有充分理解民居建筑是人、社会文化和地理环境的共生品，并充分运用人、建筑与居住环境的关系，才是建筑生命的真谛所在。从主观出发，我们需要改变旧的观念，将人从中心主体转变到既为主体也为客体的位置，树立人与生态环境共生共存的观念，以达到人、建筑与居住环境之间相互和谐，相互促进，并将优先权赋予整体居住环境。因此，我们在确立建筑项目之前，既要考虑使用主体的规模，又要尊重自然环境，而不能盲目地将人的主体享受作为评定建筑的唯一准绳，只有这样，才能使人造环境与自然环境协调发展。同时，在客观上必须采取一系列的实际措施。建筑的发展不能以生态环境的破坏为代价，而应将生态环境优先考虑。建筑设计时，建筑师不仅要考虑建筑的形体美，还必须注重先进科学技术的应用，从生态学的角度探索建筑的美，在努力创造人造环境与自然环境和谐的同时，创造一个可持续发展的居住环境。

第四节　巩义窑洞民居的持续发展设想

面对全球化大潮的冲击，建筑文化和城市文化出现趋同。对大自然物种多样性的警觉，正逐渐延伸至人类社会的文化领域，人们越来越认识到世界文化多元化的重要性。乡土建筑作为地域文化的重要载体之一、世界多元文化中的一员，对防止“千城一面”现象的产生具有积极的作用。同时，由于全世界对环境问题的关注，生态与可持续发展成为时代主题，传统乡土建筑具有朴素的生态环境观，对于建筑领域生态与可持续发展设计思想具有借鉴意义。

在国际化趋势影响下，黄土高原地区传统乡土建筑受到了一定的冲击，许多村民盲目追求现代形式，彻底摒弃传统思想，缺乏正确的理论指导，使乡村建设中出现了到处是红瓦白瓷片的住宅，传统文脉失落，毫无特色可言；而且这些建筑乱占耕地、破坏植被，也失去了传统乡土建筑在生态可持续方面的优势。

旅游业作为世界经济最大的产业之一，曾经作为理想的“无烟”产业受到人们的重视，其发展速度突飞猛进，尤其是许多发展中国家把其作为促进经济发展和增加外汇收入的重要手段。对旅游业进行深入的研究是随着大众旅游的兴起而开始的。但在旅游业迅猛发展、日益鼎盛的同时，人们也逐渐认识到，旅游业已不再是一种“无烟”产业，旅游业发展过程中带来的生态环境问题日益凸显。随着人类资源环境观和生态意识的不断深化，以及人们对旅游地生态环境质量的追求日益提高，旅游业的生态化发展已是大势所趋。旅游业在经过了大众旅游和替代性旅游的实践与理论过程之后，目前回归自然的生态旅游作为新型的旅游方式成为旅游业的发展趋势。

可持续发展理论作为20世纪提出的一大重要理论，其影响渗透到当今包括自然科学、社会科学及艺术等许多研究领域。建筑研究领域也不例外，可持续发展理论对建筑技术、建筑文化、建筑艺术等各个方面都产生了不小的影响和冲击，人们对于乡土建筑、地域文化的研究就是其中一例。而乡土建筑研究与保护领域，与生态旅游有着一定的结合点，不少学者在研究乡土建筑保护的方法、手段方面，几乎都把目光投向了旅游业，认为发展旅游是乡土建筑保护的有效手段之一。一方面是旅游业的蓬勃发展，另一方面是乡土建筑的记忆消失和保护的困难，而两者存在着很强的互补性，因此，人们对两者的互补发展持有一定的乐观态度并进行积极的探索。

乡土建筑是中国农业社会政治、经济、文化的载体，乡土建筑更能发挥和发掘出当地材料和资源的优势。乡土建筑可以不受或少受官式建筑形制的约束，可以不受或少受外来风格的影响。在布局上能更紧密地与当地自然地势相结合；在结构上更能因材施工；在建筑形象上、装饰的创造上更具有乡土文化和艺术传承的养分，所以长期以来，它们反倒比某些城市建筑更为生动和活泼。生动的建筑形态、朴素的生态追求，使这些乡土建筑具有非常丰富的历史、艺术和科学价值。它们是中华民族建筑遗产中的一份珍宝，它们当中的许多元素至今仍值得我们借鉴。同时，其独具特色的自然及人文景观也更容易成为宝贵的旅游资源地。

然而，今天目力所及之处，无论黄河上下、大江南北，乡村的居民几乎都在无休止地克隆和复制拙劣的城市建筑。清一色的马赛克墙面，清一色的两层或三层小楼，清一色的塔楼式屋顶，使乡土建筑异化得充满了脂粉气息。迅速膨胀的城市化过程，不应该破坏我们优秀的乡土建筑传统。广袤的农村住宅，不应该成为被遗忘的角落，它在呼唤地域文化的回归。

黄土高原地区的窑洞建筑具有显著的生态意义。中国窑洞是材料最少、建造最简、历史最长、迄今仍有几千万人居住的掩土建筑，主要集中在陇东、陕北、豫西、晋中南、冀北等地区。地下空间具有良好的热稳定性的特点，在窑洞建筑中同样表现出来，使窑洞内部环境受外界气候变化的影响较小，冬暖夏凉，因此窑洞具有节约土地、节约资源和能源的特点。但是，传统窑洞同时也存在室内夏季潮湿、采光不足、通风不畅等缺陷，再加上全球化与现代化潮流的冲击，因此窑洞这种古老的居住建筑形式正面临着严峻的挑战。越来越多的年轻人更愿意追求现代化的生活方式，传统窑洞居住人群越来越老龄化。

旅游业的兴盛带来了旅游度假建筑的繁荣，也促进了新的建筑类型的出现。旅游度假村建筑与一般的城市建筑不同，它或坐落于大海之滨，或生根于雪峰之麓，或独揽林泉之秀，或尽取乡野之乐。与大自然有着密不可分的联系，是度假村建筑最突出的特征。黄土高原是中国最古老的人类聚居地之一，也是中华文明的发祥地之一。从史前文明起，古人们便在此居住、繁衍，与自然共生共存。它拥有丰富多彩且得天独厚的自然生态旅游资源，生物的多样性和生态景观的奇特性都十分突出，同时又具有博大精深的历史人文景观，这些对国内外旅游者有着强烈的吸引力和诱惑力，是我国丰富旅游资源的重要组成部分。在黄土高原传统窑居形式面临危机的时候，窑居度假村却随着近几年生态旅游业的兴起而掀起了一股建设高潮。一面是渐趋衰微，一面却是蓬勃发展、方兴未艾，这种现象引起了笔者的注意，产生对其进行初步探讨的兴趣。

在中国20世纪80年代国内旅游业盛行以前，在黄土高原地区已经有了窑洞形式的宾馆、招待所建筑。但当时建设的这些窑洞宾馆主要是由政府机关投资兴建，数量少，具有一定的服务对象，并不普及。20世纪90年代以后，随着人们生活水平的提高，除了吃穿住等基本生活要求之外，人们渴望生活质量的提高，对精神生活方面的需求越来越多，其中就包括旅游需求。除了单位组织的旅游、因公旅游等传统旅游形式外，自费参加旅游团旅游的人数大大增加，促进了旅游业的飞速发展。旅游形式也由著名风景区旅游、城市观光旅游等传统形式发展到特色游、主题游、地域文化游，越来越多的人开始关注地域文化，更加想了解各地不同的风土人情，而不再钟情于千篇一律的城市风光游。因此，近几年黄土高原地区的许多城镇抓住这一时机，大力发展旅游业，出现了许多生态窑居度假村，其主要的住宿形式就是窑洞宾馆，用以体现黄土高原地区的传统居住形式，满足游客体验地域特色的需求。这些窑居度假村里的宾馆，为了满足游客在舒适性、现代化生活方面的要求，在室内装修、居住方式上又与传统的窑居形式不同，它似乎更适合这些来自城市的游客们的生活需求。

窑居度假村是指处于黄土高原窑洞民居分布地区，利用黄土高原独特的自然地理风貌和窑洞民居聚落这种极具地方文化特色的居住形式而开发的，供游客休闲、娱乐、欣赏自然风光或体验特有黄土风情的一种旅游度假场所。

窑居度假村开发类型可以是乡村型度假村的形式，也可以是自然风景型度假村的形式。这项旅游产品开发的大方向是生态旅游，也可以是大众旅游的生态化方向。本书的窑居度假村主要是指在黄土高原窑洞分布区以内的、城郊或乡村开发的、以黄土风情为主题的旅游度假村，也包括黄土高原地区以自然风光欣赏为主的度假村内采用窑洞民居形式而建设的生态住宿设施。而对于黄土高原以外地区的某些度假村所建起的窑洞民居，并不是以体现黄土高原当地文化风情为主题，而是将各地不同风格的民居“会聚一堂”，为满足游客的猎奇心理而建起来的，类似民居博物馆式的这种窑居度假村，并不在本文的研究范围之内。

窑洞民居度假村的类型大致存在以下几种情况。

第一，规模较大、保存较完整、具有典型地域文化和审美价值的历史窑洞民居聚落，通过适当的规划、保护以及修护形成的旅游度假区。这种类型的度假村依托于文化价值、艺术价值、审美价值较高的历史窑洞民居，是一种珍贵的展现人文历史的旅游资源。如山西汾西县师家沟清代窑居村落度假村、河南巩义清代窑居庄园康百万庄园。

第二，以黄土高原地区特色自然风景为依托，采用黄土高原窑居的生态住宿方式的度假村。这种旅游度假村的主题是依托优美的自然风光，可以进行休闲、娱乐、度假的活动。如郑州黄河游览区，以黄河观赏为开发主题，在游览区内建有窑洞形式的度假酒店。

第三，黄土高原地区传统窑洞民居分布的乡村，以原汁原味的黄土高原窑洞民居及风土民情为特色开发的窑洞度假村。这种度假村为久居城市的人们或外国游客提供了一个体验农家风情，住农家院、吃农家饭、欣赏乡村风光的场所。作为为旅游业服务的农家窑院，自然要符合游客的要求，一般在传统窑洞民居的基础上做了一定的改善，更加卫生、舒适、美观。如陕西洛川黄土风情度假村、三门峡庙上村民俗度假村。

第四，体现黄土高原地方建筑文化特色而建的窑洞宾馆。这种窑洞宾馆与一般的宾馆不同，它更加依附周围环境，体现当地的建筑特色，甚至在宾馆的环境设计上也加入了体现黄土高原民居风情的元素，使其更加具有度假村的性质特征。如陕西延安杨家岭石窑宾馆。

窑居度假村作为一种生态旅游度假村，与一般的旅游度假村相比，笔者认为具有以下特征。

第一，具有较强的异域风情体验性和地方文化特色，更加适合于开发度假村旅游项目。

第二，由于以传统窑洞民居为原型，兼有窑洞民居的优点，具有朴素的生态因子，因此窑居度假村更加适合于生态旅游。

第三，对于黄土高原一些典型的窑居聚落，适合于开发乡村型生态旅游，对当地经济的发展、地域文化的传承、聚落的保护具有积极的意义。

第四，作为一种生态旅游开发项目，窑居度假村的开发规模不宜太大。

第五，以传统窑居聚落为基础开发的窑居度假村更适合当地村民的参与，生态旅游的居民参与性更容易得以实施。

根据历史和考古资料，旅游度假最早起源于欧洲，迄今已有2500多年的历史。从度假村类型出现时间的先后来看，温泉旅游度假村出现得最早，随后依次出现的是海滨、滑雪以及其他类型的旅游

度假村；从空间上来看，欧洲最早开始开发旅游度假村，发展模式也最为成熟，随后依次开始在北美洲、南美洲、非洲、大洋洲和亚洲出现并流行起来。在国外开创旅游度假村发展新纪元的是1954年地中海俱乐部的诞生，它为旅游度假村带来了全新的概念，一反当时缺乏人情味和地方特色的现代主义风格，强调与自然结合，追求返璞归真，崇尚自然和享受。至今，地中海俱乐部已经成为世界上最大的度假组织。

度假旅游是在人们拥有了较多闲暇时间和可自由支配的经济收入后，追求娴雅温馨、适情顺性生活的产物，相比于观光旅游是一种更为深入的旅游行为。由于对外开放程度的扩大、经济发展水平的提高和人们生活状况的改善，风行一时的“走马观花”式的纯观光旅游的主导地位逐渐被度假休闲旅游所取代,中国的旅游产品正经历一个产品结构的调整、升级、换代过程。在我国，以旅游、娱乐、度假、休养为主要目的的度假休闲旅游已逐步兴起，相对于观光旅游来说，大有后来居上之势。

窑居度假村的发展，也将随着度假休闲旅游的兴起而前景广阔。虽然黄土高原地区生态环境较为脆弱，但其中也蕴含着丰富的旅游和人文资源，完全能够满足现代人追求旅游主题差异的需求，并以建设乡土生态型旅游度假村为契机，完善当地交通、用水、电讯等基础设施，创造出具有传统聚落生态基因特点的新型聚落，从传统自然村落转化为有活力的、生态的、继承传统历史文脉的旅游度假村。

由于河南的历史文化已经距今很长时间，大部分以地下建筑文化形式存在，而地上的建筑形式保存已微乎其微。从建筑更能直接传达出历史的、文化的讯息，所以对历史建筑的保存就显得尤为重要。中国对重要传统建筑的保护也反映出这种强烈的文化特质——更注重场所精神的延续和发扬。我们提倡的传统建筑保护，在借鉴西方保护经验的同时，依然采用追求传统建筑“意蕴”流传的保护方法。无论是采用经常性的保养还是抢救性的、有重点的结构加固，方法不拘一格，但是重要的是保存一种环境、氛围和格调，从而使传统建筑所表达的意蕴永久。具体包括对传统聚落或传统建筑整体格局的保护、对传统建筑本身的保护和维修、对所在地区的周边山水大环境的保护和对建筑周边小环境的保护几个方面。

在保护传统建筑的地域性特征这一方面，笔者认为应该做到以下几点：尊重地域气候特征，在保护中利用其中的有利因素，注重利用具有地域特色的建筑布局和构造做法；尊重地域自然地形特征，在保护修建中与地形相适应，符合地表的肌理特征，注重对地域传统中自然地理特征因素的继承和保护；尊重地域文化特征，对地域特殊的生活模式、行为模式和思维模式进行研究，并在保护中注意保存这些历史信息；在继承和保护地域特征的建筑中，注意与之相适应的建筑材料、建筑技术和施工工艺。

在保护传统建筑本体方面，笔者认为应该做到以下几点：对传统建筑本体实施的各类措施，遵守尽量少干预、保持原状的原则（原状指保护对象中一切有历史意义的信息）；尊重原来的形制，包括原有的平面布局、造型、法式特征和艺术风格、原建筑结构特征、原材料、原工艺技术；以延续现状、缓解损伤为主要目标，正确把握审美标准；管理单位和使用单位不得擅自拆建、扩建或改建，修缮时应在保护原则的指导下进行。

现代建筑与地域环境的相互融合，并不是单一地保护传统民居建筑，也非孤立地发展现代建筑，而是让新老建筑能够相互对话，让建筑的语言能够有所发展、延续。在新建筑中体现时代精神与传统地域文化的融合，削弱二者之间的矛盾冲突，又解决了现今建筑文化地域特征模糊、“千城一面”的局面。

做好带有地域特色民居建设的规划设计，有利于传统民居环境的改造与保护，有利于探索新型的民居建筑类型，有利于新型的民居建筑的可持续发展。首先政府部门对传统民居的改造应有统筹规划，杜绝简单复制的方法。应对现有传统民居资源做详细的现状调查研究，制定切实可行的保留、改造及整体规划，有条件的地区可以结合当地的旅游资源开发为生态民居旅游点。大力提倡公众参与，并鼓励青年建筑师走进传统村落，对住户的居住心理、行为活动、传统村落景观进行深入的调查分析，了解乡风民俗、宗教伦理观念，开展针对传统村落的设计活动，探索新形势下传统村落景观规划设计。鼓励在改造建设中采用新技术、新手段、新理念。比如，将现代技术手段与窑洞式的住宅形式相结合，把住宅完全建在地下，营造具有真正生态意义的、环境安静舒适的住宅区，使人们更贴近大地，有回归大自然的感觉。这种住宅区不需要采暖或降温设施，就有使能源消耗降低到最低限度的可能，这无疑对环保有重要意义，更有利于可持续发展。中国三大庄园之一的巩义市康店康百万庄园，就证明了窑居的适居性。因此，改善窑居环境的着眼点应是：土地与生态的保护、新技术手段的应用、基础设施的完善；自然景观的保护、开发；资源的合理利用与再生；微气候的改善与信息交流等方面。相信经过共同努力，一定会有崭新的具有河南地域特色的民居建筑出现在河南大地上。

传统聚落和传统建筑的地域特征是由地方自然地理环境、社会文化环境和经济地理环境这三种地理环境共同作用的结果，它们从不同层面对传统聚落和传统建筑地域特征的形成产生影响，影响程度也不尽相同。自然地理环境是建筑地域特征产生的基础，其为人类的生产、生存、发展提供了物质基础，人类的一切活动必须顺应这一环境的内在规律。经济地理环境是传统聚落和传统建筑发展的基础，对聚落的形成、性质和分布也有深刻的影响。

由于河南所处的“中国之中”的地理位置，河南的传统建筑曾被认为没有强烈的地域特色，但随着研究的深入，我们发现河南传统聚落从选址、形态、结构到内部诸要素，传统建筑从择地、平面形制、空间形式、构造技术到细部装饰装修，都蕴含着深刻的地域文化内涵，有着强烈的地域特征。自然地理环境、社会文化环境是河南传统聚落、传统建筑形成的深层结构，决定着传统建筑风貌特色的形成。地域社会文化对建筑地域特征的决定作用来自上层，特殊的地域生活模式、行为模式和思维模式对建筑的地域特征的产生构成决定作用。无论是经济手段还是技术构造手段，都是为了完成在社会文化影响下制定的目标。

传统建筑作为一种文化和传统的载体，寄托着人类对自身历史的追忆和感情。如果能将含有丰富历史信息的传统建筑很好地保护下来，那么就能使地域文化的风貌较完整地展现在世人面前。我们重新关注地域性，关注自然地理环境、社会文化环境、经济地理环境的特征，寻求传统建筑与地域气候、自然资源和文化环境的结合，对于研究传统建筑，探索一种在地域文化意义上实现可持续发展的建筑有很大帮助。

传统建筑与地域环境的共生，所指并非是简单、笼统地采用现代技术对传统建筑进行表面和粗略的模仿，而是在具有地域特征的环境中将传统建筑所承载的文化内涵在新建筑中有生命地继续延续下去。

比如希腊的雅典卫城，虽然早在公元前5世纪就已经修建，经过长久的自然损耗，现存的遗址也保存得并非完整，但对于卫城遗址的保护和修缮工作却是十分系统、细致和长时间保持的。卫城残留的石基和柱础在破损的位置被精心地弥合起来，尽量采用原来的可以利用的材料，在原始材料无法对接的情况下，采用现代的材料，尽可能地与原来的建筑风貌质感保持一致。

山下的雅典市选址虽然与山上的卫城旧址有一定的距离，但雅典市的整个城市风貌和建筑风格依然沿袭着古代雅典文明的辉煌文化，新建筑中的元素与古代建筑中的元素遥相呼应。尽管是现代的都市，但来到这里就能感受到强烈的地域特征和其所具有的文化特征。比如，雅典市政厅在建筑造型上采用了雅典传统的柱饰、屋顶等建筑元素。

在我国，对传统民居文化的研究在城市住宅中的应用虽然起步不早，但现在也出现了不少“中国式住宅”的论著和实践成果。

我国对于城市居住建筑的研究中将居住建筑的地域性与时代感进行结合。其中典型的代表作品如吴良墉院士于20世纪80年代在北京旧城菊儿胡同改建工程中提出的“类四合院”。

合院院落是我国传统民居的特色之一，因其较好地适应了农业社会人们的居住需求并与传统意义形态相契合，因而在我国古代的城市、农村普遍出现，在当代仍被视为梦中的理想家园。合院成为北方地区普遍的传统民居形式，是因为它在居住上能给人们带来安全、舒畅和交流的良好感受。具体来说，传统的合院院落外部封闭内部开敞，封闭的外围限定与保证了内部的私密性，内部的开敞促进了交流，适宜的尺度、简单的形式增加了可控性，使人们身在其中感觉亲切和安全；院落与自然亲密接触，使得人们可以随意自由地出入室内、室外空间，感受季节天气的变化，进行各种室外活动；院落承担着动态的交通功能，各房间的联系都要在院落中穿行，使得人与人的交流在一种非常自然的状态下获得，增加了群体的认同感。

北京菊儿胡同住宅改造工程，设计者根据院落的文化原型提出“类四合院”式的新街坊体系，用高低错落的住宅、过街楼等围合成新四合院；住宅首层外墙采用原来民居的旧灰砖，上部为粉墙黛瓦，实现了传统住宅的有机更新。合院建筑形式在河南传统民居中也占有相当大的比重，所以说菊儿胡同的改造设计也为我们对于河南地域环境下民居建筑的可持续发展提供了一种发展的可能。

河南的旅游宣传广告的口号是“老家河南”，直接指出了河南省最大的特点——根源性。近年来，河南省提出了“中原文化崛起”的口号，旨在发展包括河洛文化在内的河南境内的文化。从地域范围看，河洛文化的产生地与发展地都在中原文化的地域内，主要是在豫西的洛宁、孟津、巩义一带，比中原文化的范围要小得多。中原文化博大精深，源远流长。从表层看，它是一种地域文化；从深层看，它又不是一般的地域文化，而是中华民族传统文化的根源和主干，在中华文化发展史上占有突出地位。如裴李岗文化、仰韶文化、龙山文化等都充分反映了河南在整个史前文明时期都处于领先地位；诸如谋圣姜太公、道圣老子、墨圣墨子、商圣范蠡、医圣张仲景、科圣张衡、字圣许慎、诗圣杜甫、文圣韩愈、画圣吴道子、律圣朱载堉、法圣韩非、僧圣玄奘、酒圣杜康、厨圣伊尹等都出生于河南这片沃土；《中华姓氏大典》中的4820个汉族姓氏中，起源于河南的有1834个，占38%；在当今的300个大姓中，根在河南的有171个，占57%。综上所述，我们不难看出，中原文化厚重、多元、经典，是一种典型的“圣”文化、“福”文化、“魂”文化。“圣”文化主要体现在被誉为孕育中华文明的“圣河”——黄河，见证了中华文明兴旺与发达的“圣城”——十三朝古都洛阳，儒释道三教融合的中华文化“圣山”——中岳嵩山以及“道圣”“商圣”“医圣”“科圣”等众多的圣人，这些都是河南独有的。“福”文化主要体现在河南是一块风水宝地，是成就伟人、成就大事、成就大业的福地，造就了一代又一代的风流人物，发生了难以胜数、影响历史进程的重大事件，一度开创了中国奴隶社会、封建社会的鼎盛时代。“魂”文化主要体现在河南是中华主流思想和精神的形成之地，如“有容乃大”的天下精神、“天人合一”的和谐精神、“自强不息”的奋斗精神、“和而不同”的包容精神、“精忠报国”的爱国精神等都是中原文化精神的核心。

第五节　绿色生态窑居模式的营建及优秀案例

我们知道，现代城市存在许多乡村缺失的东西，乡村也存在许多城市无法拥有的资源，这两个不平衡的对象永远存在着许多互补的元素。这是寻求乡村发展的一个契机，也是乡村吸引城市的唯一动力源泉。乡土的地域文化特色、乡村的自然田园风光、乡村新鲜的空气、朴素而悠然的生活等都是真正意义上的城市人所无法拥有的资源，乡村人必须清楚地认识到自己的优势并不断提升独有的资源品质，才是根本出路。今天的传统乡村旅游和农家乐现象都是一种暗示性的开端。

1. 必要性

经济的发展和城市化进程的加快使得生态环境原本就较为脆弱的黄土高原沟壑区面临更大的生态压力。现代文明让这些黄土高原上凝结的珍贵的生态营建思想逐渐被忽视、遗弃，人们对窑居村落的生态记忆正在逐渐消失。因而，对黄土高原上窑居聚落的生态保护能更好地向人们生动地展示它所产生的那个时代及其所经历过的时代的特征。

现代文明对生活的影响是任何力量所无法抗拒的，尽管传统窑居聚落具有自身的许多优势和价值，但毕竟无法满足日益发展的窑居村民享受现代生活的需要。近年来传统窑居村落改建的速度非常快，填窑还耕、弃窑建房现象十分严重，因此窑居聚落的复兴不仅很有必要，而且对窑居聚落的更新改建、使之符合现代人的生活方式也是必需的。

2. 意义

窑洞的存在，拉近了古人和今人的距离。当生活在现代环境中的人们，想暂离城市的喧嚣和吵

闹，寻觅自然、纯真、朴实、舒缓的生活，缓解一下紧张与疲惫时，可以走进地坑院，看看这种朴实、深厚的建筑，抚摸着刻满岁月褶皱的黄土塬壁，凝视着一个个如历史老人深邃目光的窑洞，甚至吃上一顿风味独特的农家饭，再在窑洞里住上一宿，谁说这不是一种精神享受？

旅游业的发展形势与发展前景以及生态旅游的兴起，无疑成为黄土高原地区生态窑居旅游度假村产生的背景。黄土高原地区所特有的自然景观和人文景观为生态旅游的发展提供了理想的旅游目的地。这里拥有世界上独一无二的、黄土发育最为典型的自然景观，而这里的民风民俗、居住文化、饮食文化等人文景观资源也是独具特色的。

由于豫西地区受地形约束，其经济发展较之河南中东部地区比较落后，而旅游扶贫是非常成功有效的开发式扶贫。通过发展旅游脱贫的人口，不仅返贫率极低，而且能够比较快速地由脱贫走上致富之路，因为旅游带给豫西这个贫困地区及其居民的不仅仅是增加收入，通过增加就业、加强交往、沟通信息、传播技术，使豫西地区的人们观念更新，知识和技能水平提高，从而改善他们的生活状况，提高经济收入。

3. 设计内容

一个地区原生的营建体系能否走向现代，并能永续发展下去，主要在于这个营建体系的内在“基因”是否符合现代化的发展需求，它的结构关系和形态表征是否适合于现代化的运作，它的功能和运营机制是否合乎现代化价值标准。

总结前文中已经涉及的原生窑居中的优势元素，同时也存在的一些劣势元素，我们会发现，如果要让“窑洞”这一古老的居住形态继续发展下去，并且走的是可持续发展道路的话，那么必须挖掘新的生态因素，找到具有地区营建特色的、适合自身发展的环境与资源空间。其优势有：

（1）厚重型覆土结构，维持室内相对稳定的热环境。

（2）背风向阳选址，最大限度地获取日照。

（3）靠山窑的节地与庭院经济，在山坡上建造，立体划分有限的居住空间，屋顶覆土种植达到节地与经济的双赢。

（4）乡土材料与简便易行的技术，经济适用，便于邻里互助建房。

（5）灶炕一体化带来的二次能源利用。

其劣势有：

（1）村落结构离散状，缺乏整体规划——土地利用不紧凑，基础设施不全。

（2）居住空间与现代乡村生活方式不相适应。

（3）室内环境质量差——通风换气不畅，采光日照不足，阴暗潮湿。

（4）安全性差——缺乏整体抗震、抗滑坡和泥石流等措施。

（5）太阳能及可再生资源的利用率不高。

（6）没有与简便、成熟的现代技术结合。

近几年，有许多研究学者利用诱导式的构造技术、被动式的太阳能利用、较为成熟的窑洞防水技术、通风除湿技术等适宜技术，对传统窑洞进行了适当的改造，克服了传统窑洞采光不好、通风不畅、夏季潮湿等问题缺陷，使之更加舒适，符合现代人的居住方式。新的生态窑洞体系保持了原有窑洞的优点，也很好地解决了旧式窑洞阴暗、潮闷和抗震能力差的问题，充分利用地能、风能、太阳能，形成自然平衡。其室内光线充足，为旧式的居住方式注入了新的现代文明气息。其具体对策有：

（1）增加窑居后部的通风竖井，改善采光、通风与除湿的问题。

（2）采用主动式与被动式相结合的太阳能采暖系统，利用太阳能集热板提供热水，阳光间调节室内空气温度，维持冬季室内高效热环境。

（3）采取地沟隔温除湿换气自调节空调系统，改善窑居室内通风换气的质量。双层玻璃与保温窗帘可维护室内稳定的热环境。

（4）屋顶覆土种植，可保温蓄热，调节微气候，促进庭院经济发展。

（5）采取双层结构（砂层与土层）防水、防渗及蓄水种植的生态型窑顶构造措施。

（6）庭院的植物可控制太阳辐射与通风。

（7）开发生态型砌块材料，运用部分混凝土构件，以提高多层窑居的整体性与抗震能力，改良窑居的土基处理、砖石砌筑、窑顶覆土及屋顶植被恢复技术。

窑居度假村就是以传统窑居聚落为依托，延续其形式及自然的地形地貌，改进的是其基础设施建设、室内外空间环境质量等。基础设施的完善也为窑居聚落的更新发展提供了条件，同时完善的道路系统、给排水、电力、通信等基础设施也是度假村发展的重要条件。但是在对窑居聚落的基础设施进行改进完善的同时，应尽量尊重原有状况，比如道路系统既不要破坏原有村落的空间布局，又要符合生态的原则。

传统窑居聚落与黄土高原自然环境的和谐是传统窑居聚落与生俱来的优势和特点，是与黄土高原的大地景观融为一体的。因此，黄土高原地区窑居度假村的景观生态设计，应借鉴传统窑居聚落的这一优点，以传统窑居聚落的景观风貌为基础，加以继承、发扬和更新。

从整个有窑洞分布的区域来看，已经有很多优秀的案例。

优秀案例一：延安“枣园新村”

新中国成立以来，我国的建筑工作者对窑洞及生土建筑进行了诸多的科学调查与科学研究，设计人员汲取民间经验，在广大农村和城镇建设了一批农村民居示范点，如延安“枣园新村”，修建了不少经过改进的窑洞，从而显示了传统建筑的生命力和优越性。

黄土窑洞因其诸多的生态优势一直受到建筑相关学者的青睐。在现代最早的关注是从任震英大师的《为寒窑唤春天》一文开始的，同样在任震英大师的倡导下于1980年成立了生土建筑分会。几十年来，热心生土建筑研究的专家和学者走遍了黄土高原、新疆、藏北、滇北、川西、闽粤等我国主要生土建筑分布区，做了大量的调研工作。他们运用现代科技手段，利用自然能源，逐渐解决窑居及生土建筑的采光、防潮、保温、通风、抗震等问题。

优秀案例二：郑州黄河游览区

郑州黄河游览区位于郑州西北30千米处，南依巍巍邙山（又名岳山），北临滔滔黄河。雄浑壮美的大河风光、源远流长的文化景观以及地上“悬河”的起点、黄土高原的终点、黄河中下游的分界线等一系列独特的地理特征，使这里成为融观光游览、科学研究、弘扬华夏文化、科普教育为一体的大河型省级风景名胜区，成为国家旅游专线——黄河之旅的龙头。

黄河游览区是从邙山提灌站发展起来的，由以前的单一供水发展到现在的供水、绿化、旅游、弘扬黄河文化等多元化经营。目前已经形成了五龙峰、岳山寺、骆驼岭等四大景区，浮天阁、极目阁、黄河碑林等40多处景点，被评为国家4A级旅游区。

邙山，古名“郏山”，又称“北邙”，俗称“邙岭”。邙山位于河南省洛阳市北，黄河南岸，是秦岭山脉的余脉、崤山支脉。广义的邙山起自洛阳市北，沿黄河南岸绵延至郑州市北的广武山，长度为100多千米。狭义的邙山仅指洛阳市以北的黄河与其支流洛河的分水岭。邙山海拔为300米左右，为黄土丘陵地，是洛阳北面的一道天然屏障，也是军事上的战略要地，最高峰为翠云峰。唐宋时期，每逢重阳佳节，上邙山游览者络绎不绝。唐朝诗人张籍诗云：“人居朝市未解愁，请君暂向北邙游。”“邙山晚眺”被誉为“洛阳八景”之一。

郑州黄河游览区内的邙山，仅包括郑州市管辖范围内的一部分。由于地处城市近郊，交通方便，其基础设施相对完备，自然环境优美，成为城市居民休闲度假的一个好去处。旅游区内设有垂钓、骑马、游船、登山等娱乐设施，因此游览区成为一个兼顾观光、娱乐、休闲度假等多种功能的旅游地。邙山是一座黄土丘陵地，地处黄土高原与豫东平原的交界处，是黄土高原的终点，因此在这里分布着具有豫西窑居特点的乡村聚落，游览区内的村民也以窑洞为主要居住形式。因此，在大众旅游生态化过程中，窑居度假村作为旅游区内的生态住宿方式，近几年逐渐被建设起来。

郑州黄河游览区内的桂园宾馆是一处以窑洞民居为形式的生态住宿宾馆，宾馆占地面积约3500平方米，客房总数为30多间。下面就其建筑环境、建筑形式、室内环境等几个方面对其进行分析。

1. 建筑环境

桂园窑居宾馆地处游览区的中部、黄土塬与黄河滩的交界处，与其隔路相望就是游览区内的主要游湖——星海湖（与黄河相通），地理位置依山面水，环境舒适宜人。由于黄土高原愈往东部，雨水愈加充沛，因此这里的自然环境与黄土高原的中西部相比，空气更加潮湿，植物更加繁茂。

2. 建筑形式

豫西窑洞村落分布在我国黄土高原的南部，其黄土的厚度一般为50～150米，属于北温带大陆性季风气候区，是我国人类文明早期发展地区之一。三门峡市、灵宝市属高原地区，新安县、洛阳市、偃师市、巩义市是丘陵和河谷平原。过去这一带由于地势相对平坦，土层深厚，气候凉爽而干燥，年降雨量为400～600毫米，年平均气温为13.9℃，全年无霜期为211天，日照为23543小时，适宜动植物的生长；而天然的黄土层又是华夏文明初期的天然建筑材料和生产材料。1921年发现于渑池的仰韶文化是我国新石器时代文明的重要发源地之一，为中华民族及文明的发祥地的形成做出了贡献。从窑居村落的选址来看，体现了人们因地就势充分利用自然地形特点。黄河游览区内桂园宾馆的建筑形式具有明显的豫西窑洞的特点，特别是巩义地区的窑洞，由于矿产资源丰富，工矿业和商业都比较发达，经济水平较高，因此出现了许多在立面装饰上带有中国传统木结构房屋甚至西式建筑的特点。正是由于处于黄土高原与中东部平原交界的特殊地理位置，因此这里的建筑形式具有兼收两地区建筑特点、将其融合并用的特征。

桂园宾馆采取了临街建房、靠崖筑窑洞，窑洞与建筑组成靠崖式四合院的形式，具有典型的豫西窑院的特点。因为豫西窑洞受当地自然气候条件的影响，降雨量与黄土高原西北部地区相比更多，因此在雨水较多的季节，窑洞潮湿无法居住时，不得不搬到东、西厢房及临街房屋居住；而冬季或炎热少雨的日子，窑洞冬暖夏凉的特性更适合居住，因此房屋与窑洞形成优势互补。院落空间向来是中国传统民居的主要空间形态，以四合院形式最为典型。因此，窑居与厢房、临街房自然而然地形成四合院形态。

在外立面装饰上，窑脸外设有一仿木结构的挑檐外廊。外廊屋顶部分采用了硬山坡屋顶形式，屋脊两端加了类似鸥尾的装饰，装饰性的斗拱、红柱、雀替，完全是设计者仿木结构的装饰性的发挥，外廊有效地保护了窑脸，却对室内采光有一定的影响。窑脸部分满砌灰砖，保护并美化了窑脸；门窗采用大门窗，斜格式窗棂，窗棂采用大红色，全部安装玻璃采光，由于私密性的需要，室内装有窗帘遮挡视线。与普通窑洞立面相比，窑居宾馆的立面更加精致、奢华。

窑洞房间的结构，用沿窑洞纵深方向的一排拱形的钢筋混凝土梁加固，各梁之间现浇钢筋混凝土的拱形板，并在板顶做防潮层，既加固了窑洞的结构，增加其安全性，又具有一定的防潮作用。

3. 室内环境

在室内装修与空间布局上，与传统窑洞相比，更加舒适卫生，更加适合现代人的居住方式。拱形的顶部装有吊顶，窑洞室内空间普遍比较高，顶部吊顶使室内空间降低，更显温馨亲切；地板上铺的地毯，质地柔软舒适；窑洞最里面的墙面做了一个简洁的落地罩；墙面贴了塑料壁纸；家具简洁。卫生间地面和墙面分别贴了瓷片地砖和墙砖，卫生间天花板也做了吊顶，卫生洁具一应俱全，卫生且容易打扫。室内空间布局和家具布置上，与一般宾馆类似，使窑洞宾馆符合游客们的习惯，并没有采用传统窑洞民居的室内空间布局和装饰方式。

优秀案例三：洛川谷咀黄土风情度假村

洛川谷咀黄土风情度假村位于洛川县城东南 5 千米 210 国道和 304 省道交汇处。省级“文明村”——谷咀村自古以来民风淳朴、热情好客，村庄建设错落有致。近年来，该村花大力气，投入资金，治理了周围环境，绿荫环绕，苹果飘香，极富农家特色。在发展旅游产业中，首批推出的30多户农家乐小院均具备太阳能沐浴、程控电话、有线电视和环保厕所，又设立了旅游接待办、食宿办、保安部、观光娱乐部、民间工艺部等，日接待能力可达200人次。现已向游客开放的项目有果园游乐、民俗表演、民间艺术展示、花果山摘桃、黄土断层标本考察等。世界唯一的黄土地质公园位于村西，园内各种地貌景观奇特，甘罗湖碧波荡漾，小溪流水人家，奇花异草争艳。苹果观光园，集休闲、娱

乐、苹果采摘、绿色食品、名优花卉、传统农作于一体。百态园、苍桑园，展示陕北苹果发展历程。槐荫谷中树林成荫，人工湖坝，游客戏水垂钓、荡秋千、坐花轿、观峭壁、登高望远，美不胜收。过腻了都市生活的人，来到这里住陕北窑洞，吃农家饭菜，感受淳朴民风，投身绿色怀抱，使人心旷神怡，油然而生回归大自然的感觉，近年来吸引了不少国外游客来这里领略这地道的黄土风情。

谷咀村全村村民以种植苹果为生，而且地理位置优越，毗邻交通要道，因此村民经济状况较好，生活水平普遍较高。当地村民摈弃了土窑洞，在黄土塬上盖起了一排排整齐的砖窑，一般一户三至四孔窑洞，窑洞前有一院落。度假村是村里带头开发的旅游项目，并调动当地村民参与，以当地村民的窑居住宅为基础，以观光、餐饮、体验乡村窑居风情为主。当地村民的窑洞既用于自己居住，也作为接待游客的餐厅和住宿处。由于当地特色的农家饭非常受附近城镇居民的欢迎，因此即使在旅游淡季，这里的餐饮业也仍然很兴旺。

下面从该村的聚落环境、传统窑洞的更新改进以及窑洞室内环境等方面分别对其进行分析。

1. 度假村的开发对当地窑居聚落环境进行的保护和利用

位于谷咀村西的黄土高原沟壑地貌，被保护起来作为生态环境保护区和黄土地质公园供游客观赏，对这片自然地貌及植被进行了合理的保护和利用。整个村子的住宅布局为成排布置的砖窑，村内道路纵横交错，并与村东的过道相连，交通十分便利，利于车辆及农用机车的通行。村内水、电、通信等基础设施较好。村内居住聚落周围为面积广阔的苹果园，村内各家各户均种植花草树木，村内道路两旁也种植树木进行绿化。村内整体环境绿树成荫，较为舒适、卫生。

2. 度假村的开发对传统窑洞的更新与改造

洛川地区的砖石窑洞比较普遍，而且在窑脸的装饰上与陕北窑洞有些差别。洛川当地的窑洞，窑脸部分一般只开一门一窗和一个小天窗，不像陕北窑洞那样将整个门窗上面的拱券部分都做成窗，这样做的目的可能是为了减少窑洞传热的界面面积，使窑洞内的热物理环境更好。窑脸上的小天窗一年四季基本都开着，利于室内通风。新盖的窑洞的门框窗框材料多为铝合金或钢制，很少用木材。立面上，由于当地有的窑洞的窑间子和窑脸被用砖石或瓷片整个砌平，处于一个垂面上，使许多窑洞的窑脸失去了传统窑洞的形象，拱券在立面上不再显现出来，出现了立面形式与内部空间结构不一致的效果，这是立面形式上的一种倒退现象。在外立面装饰上，没有继承传统窑洞与自然环境融合、和谐相处的效果，一些立面从瓷片的颜色到铺贴方式等都与环境显得格格不入。这与目前村镇住宅建设多为村民自身行为（房子自己设计、自己施工），缺乏专家与政府参与有关。

3. 度假村的开发对窑洞室内环境的影响

窑居度假村保留了传统窑洞的外围护结构体系，因此在室内环境方面仍然具有传统窑洞室内冬暖夏凉的热物理环境，保留了传统窑洞在节能方面的生态优势。尤其是冬夏两季，夏季由于窑洞内凉爽的特性，度假村吸引了很多游客来此吃农家饭、休闲度假；冬季，村民们住在窑洞内，只需要很少的燃料，就能保持室内温度温暖舒适，有灶台的窑洞内仅用烧水做饭的余热就能保证室内的采暖要求。窑洞内既不用安装空调，也不用安装电扇、暖气等设施，节能环保。

在室内装修方面，当地村民的窑洞已经按照现代的生活方式进行了改造，室内墙壁白色粉刷，有效地改善了室内采光；地面为水泥抹面，起到了一定的防潮作用；火炕靠窗布置，床头布置了灶台，炕和灶台外表面均砌有陶瓷片，干净、易清理；室内家具样式基本上为现代家具，整个室内更加整洁舒适。

优秀案例四：延安杨家岭石窑宾馆

中共中央革命旧址——杨家岭，占地面积101亩，1953年修复，1959年开放参观，共展出文物772件。杨家岭革命旧址位于延安城北约3千米处，是中共中央1938年11月20日至1947年3月的所在地。

杨家岭中共中央革命旧址是延安市的重要景点之一，世界最大的窑洞建筑群——延安石窑宾馆，2002年在陕西延安杨家岭村建成开放。窑洞群坐落在延安市宝塔区桥沟镇杨家岭村后沟北坡，离杨家岭革命旧址约500米，由杨家岭村多方筹资1200多万元兴建而成。

窑洞宾馆依山而建，共有从低到高8排268孔窑洞，系杨家岭村为发展延安特色旅游而兴建的一家三星级宾馆，这一建筑群以雄伟的整体纯石窑建筑群成为世界上独一无二的人文景观，成为延安旅游的一个新亮点，刷新了延安大学6排226孔窑的最高纪录。

下面从杨家岭石窑宾馆的周围环境、石窑宾馆的设计特色等方面分别对其进行分析。

1. 杨家岭石窑宾馆的周围环境

石窑宾馆位于杨家岭村后沟北坡，离杨家岭革命旧址约500米，成为杨家岭革命旧址景区内的一处度假住宿场所。一条主要干道贯穿革命旧址景区和杨家岭村，村落沿这条道路向两侧坡地布置，村内交通便利，水、电、通信等基础设施较为完备。退耕还林之后，杨家岭村村民离开土地，村里经济以发展第三产业为主，其中石窑宾馆就是杨家岭村借助旅游业的兴盛而兴建起来的。

石窑宾馆所在的杨家岭村的整体村落环境，体现了目前许多窑居村落的发展现状。由于经济的发展、观念的冲击，弃窑建房的现象普遍，并且许多村民的房子简单模仿某些所谓的建筑风格，建筑形式鱼龙混杂，甚至城市里流行一时的“欧陆风”也“吹”到了这里，出现了模仿欧式的小别墅，这些建筑破坏了传统窑居聚落与自然环境协调的优秀景观传统，令人观后甚觉惋惜。

石窑宾馆的兴建，对杨家岭的窑居聚落环境产生了一定的影响。首先，它延续了传统砖石窑洞的建筑形式，与周围环境能够很好地协调，对改善整个杨家岭村的聚落环境起到了一定的积极作用。其次，石窑宾馆的建成使村民认识到了传统窑洞体现地域文化并成为吸引游客的旅游价值，改变了当地村民长期忽略传统窑洞价值的意识状态。笔者实地调研发现，有些村民模仿石窑宾馆，自发新建了一些砖石窑洞，石窑宾馆的建设带动了当地传统窑洞的复兴。

2. 杨家岭石窑宾馆的设计特色

石窑宾馆的设计体现了陕北窑洞民居的特色，依山而建，与黄土高原的特有地貌环境融为一体。建筑整体设计吸取了窑洞冬暖夏凉、天然调温的特点，并融入丰富多彩的陕北文化底蕴。窑脸采用黄

色石材，与周围自然环境很好地融合；窑脸上方有砖砌护檐，每排窑洞的护檐下都挂了一排红灯笼，窑脸上挂了许多装饰性的黄色玉米串，营造出陕北农家院的氛围。米黄色的镂空木格子窗上，贴着陕北剪纸。每排窑洞门前摆放着石磨、石碾和石桌椅，充满了浓郁的陕北农家气息。

石窑宾馆室内的家具格局采用了现代宾馆标准间的布置方式，并在窑洞的最内侧用分隔墙分出一个小房间作为卫生间。室内家具包括床、床头柜、桌椅、茶几等，均为现代式家具。室内配有电视机、空调；为适应不同旅客的需要，另有一些窑洞则是传统的火炕。室内墙面刷白色乳胶漆，墙上挂着手工绘制的安塞农民画；地面，有的房间铺陶瓷地砖，有的房间仿传统农家铺的是普通砖。卫生间内配有洗脸台、坐便器、淋浴头等卫生洁具。卫生间做有吊顶，墙面、地面均铺砌陶瓷片，卫生间内壁后面设有管道井。窑洞内生活设施齐全，环境干净整洁，既有浓郁的民族风情，又体现了现代特色。

优秀案例五：三门峡庙上村民俗旅游度假村

1. 庙上村地坑院传统窑居聚落

地坑院与原始先民的穴居传统渊源极深。《易经·系辞》曰：“上古穴居而野处。”《礼记·礼运》载：“昔者先王未有宫室，冬则居营窟，夏则居橧巢。”《孟子·滕文公》亦云：“下者为巢，上者为营窟。”地坑院距今已有约4000年的历史，一度是我国黄土丘陵地区较普遍的一种民居形式，特别在豫西、晋南、渭北、陇东尤为集中。地坑院是在黄土地上挖一个边长为10～12米的正方形或长方形的深坑，深为6～7米，然后在四壁凿挖8～12孔窑洞，窑院一角的一孔窑洞挖出一个斜向弯道通向地面，作为居民出入院子的门洞。20世纪前期，德国人鲁道夫斯基的《没有建筑师的建筑》一书最早向世界介绍了中国窑洞地坑院，称这种窑洞建筑为“大胆的创作、洗练的手法、抽象的语言、严密的造型”，地坑院因而闻名中外。

河南省三门峡市陕县张村镇庙上村的天井窑院远近闻名，位于市区南仅20多千米，乘车只需半小时。整个庙上村被茂密的桐树、杨树、柳树、果树遮挡得严严实实。站在村头，绿树间屋脊瓦舍稀落零散，一些废弃的或仍在使用的地坑院隐觅其间。

庙上村的地坑院是在平整的黄土塬上深挖四五米的正方形或长方形深坑，坑院为10～12米见方。地坑上边沿用青砖砌筑约20厘米高的矮墙加以防护和警示。院四壁可挖凿6～10眼窑洞，每眼窑洞高3米多，进深为7～9米，窑口中央留有向里开的门，两边和半圆形上方留有木制格子窗。一到年节，手巧的女人们就会剪出各色花样的剪纸贴在窑窗上，把日子装点得红红火火。格子窗供采光和透气，在门的一侧还留有锅腔和土炕的烟火道。院子中央通常是小菜园，菜园的边缘有一米五左右宽的环窑洞走廊。小菜园肩负着复合性功能：存储一定的雨水，吸收充足的阳光和氧气，改善窑洞内的通风等。

一般地坑院中都会栽上桐树、梨树各一棵，树梢高高伸出地面，传递着主人家人丁兴旺的信息。这种象征生命存在的植物为地坑院带来许多生气和灵性，它的人文作用远远大于它的实用功能，它提示地面上行走的人“别掉下来”，在炎炎的盛夏给地坑院带来一片绿荫，滋润了生活在黄土地的人们的日子，中国传统的“天人合一”的自然观同样被这黄土地上的农民应用得淋漓尽致。

在庙上村，家家窑洞顶部都碾压得很平整，不种植物树木，并留有直径约15厘米的小孔。农忙时节，窑顶是农民的场院，粮食打好、晒好，顺着小孔直接将粮食灌入窑内，很节省劳力。

每座地坑院都会在院子中央打出一口直径为1米、深达五六米的渗井，便能“承载”每年不到700毫米的降雨，既解决了日常用水的积蓄，也解决了雨水倒灌窑内的问题。渗井底层铺炉渣约50厘米厚，供存渗雨水之用，每10年左右修挖一次。

吃水要靠自己挖井，在进院的通道一旁挖有水井一眼，供人畜用水。距井口3～4米，打有红薯窖，因井水能保持一定温度和湿度，使红薯保存得非常新鲜而持久，这就是农家的天然冷库。现在，随着地下水位的下降，许多地坑院水井干了，农户纷纷接上了自来水，但渗井仍在使用。

地坑院的入口有直进型、曲尺型和回转型三种。由地面下到院落，再经由院落进到窑洞，形成收放有序的空间序列。处于地面，人的视野十分开阔，步入坡道则视野受到约束，再进到院落便又有豁然开朗的感觉，整个空间充满了明暗、虚实、节奏的对比变化。至于院落，花木宜人，加上用砖石等材料装饰窑洞洞口，小环境更加幽静宜人。

地坑院窑门多为一门双扇，以槐木、椿木为主，油漆多用黑漆带红线的色彩，窗户是方格状，装玻璃，节庆时贴窗花。灵宝、陕县的窗花都名扬海外。在过去，春节是妇女显示技艺的最佳时节，窑洞的窗户上、住宅内就成了剪纸的展览室，新婚的媳妇还要给亲戚四邻赠送自己的剪纸，以展示自己心灵手巧。剪纸的内容多为吉祥如意、六畜兴旺、五谷丰登、避邪镇恶之类，这些大红的剪纸为土窑洞增添了色彩和盎然春意。

在地坑院的建造中同样包含着深厚的传统文化内涵。农民们拥有广博的实际生活的学问，他们将八卦的原理有机地融入地坑院的形制中，以此确定所有新建地坑院的四个正面朝向，按照当地人信奉的“风水流脉”的统一心理指向，充满自信地定制新地坑院的主朝向，这样以东西南北为朝向的院子就有了各自的位置和名称：“东震院”“西兑院”“南离院”和“北坎院”。由于四种各有其主的朝向院子，窑的主次等级中最好的朝向当属“东震院”。主窑的方位讲究“后有靠山，前不蹬空”，凡宅后有山梁大塬者，谓之“靠山厚”，俗话说“背靠金山面朝南，祖祖辈辈出大官”；宅后临沟无依托者，谓之“背山空”，多忌之。

在窑洞破土动工之时，要祭土地神，此俗源于远古人类对土地的崇拜，但最为隆重热闹的仪式为合龙口：窑洞建成之时，工匠在中间一孔窑洞的顶上留下仅容一砖或一石的空隙，用系了红布、五色线的砖或石砌齐，然后燃放爆竹，摆宴请客，共祝主人平安吉祥。迁入新居时，亲朋好友还会备礼祝贺，喝喜酒，为其“暖窑”。

庙上村黄土地上的婚俗、葬俗展示的场景、气氛、礼仪，与地坑院的窑洞、老树、窗花、方格土布一起形成有形的文化资产和无形的文化资源，包含着人们的价值观念、生活方式和审美境界，构成民间文化生态的基因。

2. 庙上村地坑院传统窑居聚落的特色危机

地坑院作为民居起源于人类早期的穴居，是穴居发展晚期在黄土高原地带形成的、独特的、成熟的民居样式之一。这种地坑院式的民居，在三门峡地区最为多见。但随着社会的发展，人们生活水平不断改善，现在极少有人再建造地坑院，其最晚的院子大约也是在20世纪80年代初建造的。加之退宅还田的奖励政策，鼓励了群众填院建房，一座座地坑院正在逐步消亡。

随着生活水平的提高，天井院出行不便、排水不畅、卫生条件差、占地面积大的弊端逐渐显露，加之近年来政府主张退宅还田、填院建房，一座座地坑院被水淹、土埋，成片的地下村落正逐渐消失。地坑院作为古代穴居方式的遗存，有着较高的历史学、建筑学、地质学和社会学价值，因而抢救这一具有代表性的地下村落、保护民居文化遗产已成为当务之急。

20世纪80年代以来，随着农民经济条件的改善，也由于地坑院采光不足、出入不便，村民们陆续在地面上建造房屋，先是盛放农具等物品，后在春秋两季暂作休息场所。20世纪90年代以后，年轻人更是认为地坑院象征着贫穷和落后，纷纷盖房起楼。20世纪90年代中期，由于地坑院占用土地过多，许多村子本着退宅还耕的要求，开始填埋地坑院。仅有一些上了年纪的老人还愿意时不时地回到地坑院里住上一段时间，“沾沾地气”。

现在随意走进塬上的村落，首先进入视线的是或疏或密、或新或旧的地面建筑群，而地坑院只能东躲西藏似的夹杂在房前屋后。簇新的楼房与废弃的地坑院比邻而处，曾经被精心雕饰但如今已残缺破败的拦马墙，与瓷砖彩绘的高大门楼相对，显得无精打采。

黄河孕育了华夏文明，而地坑院则是黄河两岸先民们繁衍生息的温床。细究起来，几千年来，地坑院的结构、格局几无变化，在显示了它对环境极端适应的同时，作为豫西居住文化的符号，它是否注定要沉淀在历史的深层？

一个人、一个民族的精神生活总要有一个背景。如果没有体现有形生活方式的历史遗迹，历史本身也只不过是一堆纷乱的象形文字而已。已被许多史学家公认的一种说法是：如果没有历史，我们就如同被人遗落在摇篮里或者门槛上的婴儿一样，对自己的身世一无所知。

据目前状况来看，全国的窑居村落，“弃窑建房热”都在不断攀升。由于窑洞存在采光差、通风不良、塌顶、渗水、抗震性能差等缺点，窑居村落中弃窑建房势不可挡。城乡建设管理部门和地方领导亦视弃窑建房为扶贫致富的政绩。

以庙上村为例，1980年以后，当地村民依靠苹果种植业致富，村民都不愿意再建窑洞。一些村民早想填院建房，只是因为这是民居保护村才保留了自家的地坑院，但也建房子。而且村民也反复提到，现在年轻人一旦订婚，一般就会要求建地上房，不然不结婚。住地上房的就是有钱，排场；住地坑院的就是没钱，不排场。

3. 度假村的开发

为了保护地坑院这一特殊的民居，经过三门峡市民间文化遗产抢救工程工作人员近两年的普查保护抢救，已经濒临绝迹的地坑院民居建筑群目前已受到省、市文物部门的高度重视。三门峡市通过对全市地坑院的调查了解，掌握了大量的第一手资料，发现了距三门峡市南22千米陕县庙上村，该村现有地坑院80余座且保存完好。

近几年，随着“旅游热”不断升温，地坑院成为传统民俗的一大看点，三门峡市也将地坑院作为旅游资源向外推介。目前，当地政府已在该村投入60余万元用于地坑院抢救保护工程，并在庙上村建设了庙上村天井院旅游度假村，自开发以来已经取得了一定的社会效益和经济效益。

庙上村天井窑院旅游度假村是由陕县西张村镇人民政府筹资建设的，政府派专业管理人员对窑院实行规范管理，改造建设时间为2002年9月，总共收购了地坑院7座（回填2座，改造建设5座），有标准化住宿窑院4座，用于游客住宿的窑洞26孔，总床位60余位，分高、中档次，冬暖夏凉，入住舒适方便。窑洞内有炕，有老桌子，桌上有电视机；没有任何装饰的雪白四壁，衬得窑窗上粉红碎花布窗帘分外乡土；卫生间排水、冲凉、洗漱条件一应俱全，干净整洁，并安装了太阳能热水器洗浴设备。0号至4号院地下相互连接串通，直通往4号院门前广场，广场前有一条沟——凤凰沟，沟内道路畅通，树木繁茂，鸟语花香，游客可到沟边娱乐观光。每座院各设一个出口，通过入口可通往各院出口，进出方便。3号院为厨房餐厅，农家饭味美价廉，可供游客品尝。地下排水设施完善，各院雨水、污水通过地下管道畅通无阻地排入沟内。苹果、石榴、大枣园向游客开放，结果时节，游客可以进入果园自摘、自选、自品尝。

庙上村最平常不过的生活片段，却是城市人“沾沾地气”的享受和放松，与平淡、繁复的现实疏离一下，再回到日常生活中去，又能生出些许亲切感。用非日常化的片段旅游，追求精神上的返璞归真，地坑院度假村的许多物质细节，如窑洞、老家具、方格粗布、农家饭，就成为满足这种追求的道具。

这种民俗旅游既是访古寻根，又是生态休闲。据庙上村的村民说，随着近几年来这儿的游客越来越多，当地政府准备将庙上村地坑院确定保护的38座地坑院这个区域内的地面建筑全部拆掉，恢复“见人不见村，见树不见房”的昔日风貌。地坑院里还会住人，一是为了维护，若不住人的话，地坑院坏得快；二是农户可以搞农家乐项目，赚点钱。

这种保护与开发并重的模式应是合理的，因为民居最吸引人的不是建筑本身，而是正在进行时的民居状态。有人居住和生活，造成了一种既有历史痕迹又有现实状态的场景。这样的建筑不是静态的，也不是空洞的，人们的生活充盈着它，历史与文化在这里循环往复，但不是定格与凝滞，而是持续与发展。

取于自然、融于自然，就地取材且有利再生和良性循环，黄土又是天然的温度调节器，诸多因素使包括地坑院在内的窑洞暗合中国传统的“天人合一”观念，并成为国际公认的生态节能型建筑。至于地坑院最大的缺点——占地过多，国家建设部在“八五”计划期间就攻克了“黄土窑洞防水技术”这一课题，这样一来，在保证窑顶场院防渗的前提下，就可在场院上种植蔬菜和其他农作物。豫西地坑院是否有机会得到改进，使古老的居住民俗得到延续呢？

这样的地坑院村落，窑洞式穴居与大地连成一体，是自然图景和生活图景的有机结合，渗透着人们对黄土地的热爱和眷恋之情。从现代绿色生态建筑的角度来看，它是属于“原生态建筑”；从中国

古代“天人合一”的哲学思想来看，它是人与大自然和睦相处、共生的典型范例。它没有明显的建筑外观，可以认为原生的自然生态环境风貌就是它的形象。

在已有的开发生态窑居度假村中，我们可以看出，这一举措提高了当地村民的经济收入，为窑居聚落的保护提供了经济动力和支持；而传统窑居聚落的保护为生态旅游度假村的发展提供了旅游资源，有助于生态窑居度假村的发展，两者形成了一种相互促进的良性循环方式。同时，生态窑居度假村的发展改变了黄土高原传统窑居聚落村民的观念意识，增加了其对传统窑洞进行改造的信心。窑居度假村的建设，在不失传统窑洞的优点并对其缺点进行改造后，将城市居民的生活方式引入窑居度假村内，在室内空间布局和生活方式等方面的改进都更加符合现代人的生活方式，对传统窑居方式的更新发展起到了应有的示范作用，并且起到的是一种现身说法式的示范作用。

在生态绿色窑居方面，生态窑居度假村虽然能够解决一些问题，并为传统窑居聚落的保护与更新提供了一个方向和途径，但其现状存在自身的一些问题。比如，对自然与人文资源的保护并没有真正做到由自发到自觉，更多的是以旅游开发的必需性为出发点，而不是以自然环境的生态重要性和地域文化多样性保护为其旅游开发的初衷。经济利益的驱动是必要的，但不能以经济利益为一切行动的出发点，应在发展经济利益的同时，注意生态意识的加强，对当地居民和旅客的建筑素养和文化教育的意识进行加强，才能让度假村良性循环发展下去。此外，对窑洞的改造利用还不够全面深入。主要是对成熟的窑洞改造技术的应用普及不够广泛、缺乏专业的指导，只是在极个别的度假村有所应用。

只有综合各方面问题，在专业和正确的原则指导及政府支持力度下，绿色生态窑居的建设才能达到经济、社会和文化效益的共赢。

第六章 巩义经典窑洞古民居赏析

一、康百万庄园

1. 丁字窑

丁字窑，也称“枕头窑”，是一处别出心裁的窑楼式建筑，据说窑内曾悬挂慈禧御赐金匾，是当时社会名流向往的地方。

图6-1 著名的丁字窑

2. 窑楼

依山打窑洞，临街建楼房，加以院落园林化，乃黄土高原居民的主要形式。康家窑楼是窑洞文化的典型，有两层棚板，上下三层，高大宽敞，为窑洞之最。

图6-2 窑楼

二、刘振华庄园

刘振华庄园，位于巩义市河洛镇神北村。庄园坐北面南，背靠神都山，前临洛河；有6个院落，楼房200余间，窑洞20余孔，占地10000余平方米；包括住宅区、刘家花园、刘氏祠堂及马厩等部分。住宅区寨墙高筑，分为上、下两部分；刘家花园建有“仿重庆大厦”，是一座中西结合、恢宏壮丽的建筑；刘氏祠堂现存楼房48间；马厩现存瓦房14间。该庄园建筑保存基本完好，规模宏大，具有西方和民族建筑相结合的特点，对研究我国近、现代史和建筑史有一定的价值。1987年3月，郑州市人民政府公布其为郑州市市级文物保护单位；2009年9月25日，河南省人民政府公布其为第三批省级文物保护单位；2013年3月5日，国务院公布其为第七批全国重点文物保护单位。

保护范围：以“仿重庆大厦”南4米为基准点，向东外扩145米至孝神公路西沿，向西外扩100米，向南外扩90米至村道南沿，向北外扩120米至岭脊教场地断崖。

1. 刘振华庄园原貌

图6-3 刘振华庄园原貌1

图6-4　刘振华庄园原貌2

2. 保护性修缮后的刘振华庄园

图6-5　保护性修缮后的刘振华庄园

三、曹沟三进窑院

图6-6　曹沟三进窑院——入口

图6-7　曹沟三进窑院——一进

图6-8　曹沟三进窑院——二进

图6-9　曹沟三进窑院——三进

图6-10　曹沟三进窑院——三进院影壁墙

图6-11　曹沟三进窑院——主窑内

四、曹沟侧边现代化民窑

图6-12 曹沟侧边现代化民窑

五、河洛北街7号张氏民宅

图6-13　河洛北街7号张氏民宅

六、河洛北街53号张氏民宅

图6-14　河洛北街53号张氏民宅

七、龙窑

图6–15　龙窑

八、常香玉故居

常香玉故居位于巩义市南河渡镇董沟村，是常香玉出生和开始学戏的地方，历经几十年的风雨沧桑，原有的几孔窑洞坍塌非常严重。常香玉逝世后，镇政府出资30万元，对窑洞进行修缮加固，同时大力整治周边环境，对现存的一眼古井、两棵千年古槐加以保护。

修缮后的常香玉故居共有四孔窑洞、三间平房，面积为百余平方米，分为堂窑、厢窑、诞生窑和磨道窑。故居内根据豫西农家院落生活起居原貌进行了复原，并展示有常香玉大师生平事迹的资料和图片。“人民艺术家”常香玉的故居经过修缮后正式对外开放。

图6-16　常香玉故居

九、张祜庄园

图6–17　张祜庄园

十、张祜庄园侧边民窑（琉璃庙沟150号）

图6-18　张祜庄园侧边民窑（琉璃庙沟150号）

十一、西村镇西村联排靠崖土窑院

图6-19　西村镇西村联排靠崖土窑院

图6-20　西村镇西村联排靠崖土窑院——台阶

图6-21　西村镇西村联排靠崖土窑院——主窑阶梯

图6-22　西村镇西村联排靠崖土窑院——躲避战乱的地道入口，通往后山

十二、西村镇荒废十余年的地坑院

图6-23　西村镇荒废十余年的地坑院

十三、西村镇正在使用的地坑院

图6-24 西村镇正在使用的地坑院

十四、罗泉村石券窑村聚落

图6-25　罗泉村石券窑村聚落

十五、已经破坏的窑洞

图6-26　已经破坏的窑洞

十六、西村镇地坑院

图6-27　西村镇地坑院

参考文献

[1] 毛立慧．窑脸装饰艺术研究[D]．长沙：中南林业科技大学，2011.
[2] 姜安．三十七孔窑洞与红色中国[M]．北京：解放军文艺出版社，2006.
[3] 李晓峰．乡土建筑——跨学科研究理论与方法[M]．北京：中国建筑工业出版社，2005.
[4] 王文权．窑居文化研究[J]．甘肃社会科学，2006（3）：194-196.
[5] 河南省巩义市文史委员会．巩义民居[M]．北京：中国文史出版社，2008.
[6] 孙大章．中国民居研究[M]．北京：中国建筑工业出版社，2004.
[7] 侯继尧，任致远，周培南，等．窑洞民居[M]．北京：中国建筑工业出版社，2018.
[8] 侯继尧，王军．中国窑洞[M]．郑州：河南科学技术出版社，1999.
[9] 夏云，夏葵，施燕．生态与可持续建筑[M]．北京：中国建筑工业出版社，2001.
[10] 西安建筑科技大学绿色建筑研究中心．绿色建筑[M]．北京：中国计划出版社，1999.
[11] 潘鲁生．民间文化生态调查：民艺调查[M]．济南：山东美术出版社，2005.
[12] 刘静．豫西窑洞民居研究[D]．长沙：湖南大学，2008.
[13] 李科元，黄欣，滕立杰．谈可持续发展的生态建筑[J]．环境保护科学，2001（3）：44-46.
[14] 王其钧．中国民间住宅建筑[M]．北京：机械工业出版社，2003.
[15] 武旭峰，余治淮．西递·宏村[M]．广州：岭南美术出版社，2010.
[16] 朱良文．传统民居价值与传承[M]．北京：中国建筑工业出版社，2011.
[17] 郭瑞民．豫南民居[M]．南京：东南大学出版社，2011.
[18] 李珠．玻化微珠保温材料的系列研究与“城市窑洞”式绿色建筑[M]．北京：北京邮电大学出版社，2011.
[19] 中国建筑工业出版社．民间住宅建筑：圆楼窑洞四合院[M]．北京：中国建筑工业出版社，2010.
[20] 吴昊．陕北窑洞民居[M]．北京：中国建筑工业出版社，2008.
[21] 冯秀．窑洞[M]．长春：吉林文史出版社，2010.